Vom Zauber alter Segelschiffe

Fünf Jahrtausende Seefahrt unter Segeln,
ein kurzgefaßter Überblick mit rund 100 Abbildungen

Ein Bildsachbuch der
BIBLIOTHEK ROMBACH
entwickelt und herausgegeben von
Diethard H. Klein

Inhaltsverzeichnis

Folgenden Firmen, Institutionen und Personen haben wir für die Überlassung von Bildmaterial bzw. die Erlaubnis zum Fotografieren zu danken: Bavaria Verlag, Gauting (Umschlagrückseite oben (2), Seite 1, 4 rechts, 5 links, 7 (2), 8 oben, 9 unten, 10, 11, 12/13, 14, 15 rechts, 18 (2), 25, 26 unten, 28, 29, 30 Mitte und unten, 31, 32, 34 oben, 35 unten, 36, 37, 42 (2), 44, 45, 46 (2), 50, 52/53, 54 unten, 56, 58 unten, 59 unten, 60/61, 64, 66, 69 oben, 72 unten). Bodleian Library, Oxford (Seite 3, 9 Mitte, 24). Franz Brunner jr., Böblingen (Seite 4 links, 54 oben, 72 oben (2), 73, 76, 77, 80). Deutscher Marinebund e.V., Laboe (Seite 65, 69 unten). dpa Foto (Umschlagrückseite unten (2), Seite 19, 30 oben, 43 unten, 51,74, 75). Claus Hansmann Foto, Stockdorf (Seite 4 rechts, 6, 8 unten, 16, 21, 34 unten, 39, 55, 57, 58 oben, 79). Verlag Egon Heinemann, Norderstedt (Seite 41, 68 (2), 71). Museo Naval, Madrid (Titelbild, 47, 59 oben). The National Gallery, London (Seite 62/63, Reproduced by courtesy of the Trustees). The National Maritime Museum, London (Seite 22/23, 26 oben, 35 oben, 38, 40, 43 oben, 48/49). Staatsarchiv Hamburg (Seite 9 links). Sjöhistorika museet, Stockholm (Seite 27 (3)).

Gesamtproduktion (ohne Druck): intermedia produktions-medien-service-ipm-GmbH, Tübingen.
Redaktion: Dr. Teresa Müller
Schutzumschlag und Layout: HF Ottmann
Herstellung im Druckhaus Rombach + Co. GmbH, Freiburg im Breisgau

ISBN 3-7930-0702-2

Seite 1: Abreise von Nelson an Bord der »Victory«.
Umschlag vorne: 112-Kanonen-Schiff »Real Carlos«.
Umschlag hinten, oben: Abreise von Nelson an Bord der »Victory«. Bucht von Nagasaki. Unten: Schulschiff »Kruizenshtern«. Galionsfigur.

Seefahrt – Notwendigkeit oder Vergnügen?

Zu allen Zeiten hat der Mensch mehr oder weniger erfolgreich versucht, sich des Wassers als Transportmittel zu bedienen, und hat sich, mit zumindest von unserem Standpunkt aus unzureichenden Mitteln, sogar auf die Meere gewagt. Heute ist es sicher nicht gefährlicher, eine Seereise zu machen, als mit dem Auto in die nächste Stadt zu fahren, aber das war nicht immer so. Trotzdem wagten sich die Menschen ohne zwingende Notwendigkeit aufs Meer hinaus, nahmen Unannehmlichkeiten und Gefahren in Kauf, um an einen anderen Ort zu gelangen, der ihnen oftmals nicht einmal bekannt war. Sicherlich, einer der Gründe lag in der allen in mehr oder weniger großem Umfang angeborenen Neugierde, die einen Antrieb gab. Die See war in früheren Zeiten immer ein Wagnis, ein Weg ins Unbekannte und zugleich eine Herausforderung. Was trieb die Wikinger zu ihren Fahrten durch den nördlichen Atlantik bis ins Mittelmeer? Sicherlich nicht nur die Verlokkung von Ruhm und Reichtum, sondern auch die Suche nach etwas Neuem, Unbekanntem, das Bedürfnis des Menschen, bis an seine Grenzen vorzustoßen; also dasselbe, das ihn heute, nachdem die Meere erforscht sind, nach den Sternen greifen läßt.

Auch die Mannschaften der Schiffe folgten auf gewisse Weise diesem Drang, der Wunsch, dem Gewohnten den Rücken zu kehren und die Ferne kennenzulernen, beflügelte auch sie. Natürlich war das mit harter Arbeit verbunden und nicht übertrieben gut bezahlt, eine Tatsache, der man vielleicht vor Antritt der ersten Fahrt nicht genügend Beachtung geschenkt hatte, aber spätestens bei der zweiten Fahrt wußte man Bescheid.

Auch heute noch liegen hier sicherlich die Motive, wenn jemand Seemann werden will. Daß es durchaus nicht immer abenteuerlich ist, zur See zu fahren, merken die meisten erst, wenn sie sich schon so sehr an das Leben auf See gewöhnt haben, daß sie nicht mehr zurück können. Aber ohne diesen Pioniergeist, der alle Beschwernisse auf sich nahm und trotzdem durchhielt, wäre die Entwicklung der Segelschiffe und die Erforschung der Erde nicht möglich gewesen.

Die Anfänge

Schon in der Urzeit war das Wasser, sei es Fluß, See oder Meer, für den Menschen, der seine Ufer bewohnte, zugleich Chance und Gefahr. Eine Möglichkeit, die Kraft des Wassers als Transportmittel zu nützen und die Gefahr des Ertrinkens gering zu halten, waren Schwimmkörper aus in der Natur vorkommenden Materialien, die ersten Wasserfahrzeuge. Ob dabei das Floß oder der Einbaum Urvater unseres Schiffes war, läßt sich heute nicht mehr feststellen, die Entwicklung verlief wohl auch örtlich verschieden, denn der Einbaum war nur in Gegenden mit einem Bestand an ausreichend großen Bäumen möglich. Unbekannt ist uns auch, ob man sich nur vor drohenden Überschwemmungen retten wollte, oder ob von vornherein der Gedanke, Wege und Zeit einzusparen, Güter zu transportieren und Fische zu fangen, vorherrschte. Auf jeden Fall scheinen in verschiedenen Gegenden der Erde Menschen unabhängig voneinander auf die Idee gekommen zu sein, umherliegende Baumstämme zu nutzen oder bootsähnliche Gebilde anzufertigen, um damit auf dem Wasser zu fahren. Holz als Material bot sich dabei sicherlich an, denn aus eigener Anschauung wußten auch schon Steinzeitmenschen, wie gut tote, ins Wasser gestürzte Bäume schwammen. In anderen Gegenden, wo die Natur kein Holz zur Verfügung stellte, behalf

Im dritten Viertel des 15. Jahrhunderts entstand die französische Handschrift, aus der diese Abbildung stammt.

Auffallend ist das hohe Achterkastell des Schiffes, das aber vermutlich übertrieben dargestellt ist.

man sich mit am Wasser wachsenden, grasähnlichen Pflanzen, etwa Schilf oder Bambus, oder den Halmen der Papyrusstaude, die man zu großen Büscheln zusammenband, von denen wieder mehrere zur Bildung eines Floßes oder Bootes benützt wurden. War die Vegetation noch kärglicher, im hohen Norden etwa oder im felsigen Bergland, so benützte man Tierhäute, die entweder aufgeblasen und abgedichtet, oder aber über ein spantenähnliches Holzgerüst gespannt wurden. Nach der Erkenntnis, wie leicht und verhältnismäßig mühelos sich Lasten auf dem Wasser befördern lassen, lag es nahe, sich nicht mit der Strömung treiben zu lassen, sondern Mittel und Wege zu suchen, die auch den umgekehrten Weg ermöglichten. Als allererstes versuchten die frühgeschichtlichen Bootsfahrer vielleicht, ihre Fahrzeuge mit den Händen voranzutreiben, aber der Gedanke, ein Holzstück zum Staken oder Paddeln zu verwenden, ließ sicherlich nicht lange auf sich warten. Es war aber eine mühselige Angelegenheit, sich nur der Muskelkraft des Menschen zu bedienen, wenn doch die Kraft des Windes auf vielen Wasserwegen zur Verfügung stand. Deshalb tritt auch schon sehr früh das Segel in Erscheinung, wie uns ein Bild auf einer ägyptischen Vase beweist, die ca. 4000 v. Chr. entstanden ist. Viele Forscher halten diese Darstellung für das älteste uns bekannte Bild eines Segelschiffes.
Wenn auch das Nachvollziehen der Entwicklung bis zu diesem Punkt reine Spekulation zu sein scheint, so kann man doch feststellen, daß die frühgeschichtlichen Bootsformen noch heute bei Völkern Verwendung finden, die auf einer entsprechenden Entwicklungsstufe stehen.

Solche Schiffe aus Binsen werden heute noch von den Anwohnern des Titicacasees zwischen Peru und Bolivien benutzt, ähnliche Boote waren bereits vor Jahrhunderten in Gebrauch.

Den Einbaum etwa findet man bei den Ureinwohnern Südamerikas und Australiens, noch im 19. Jahrhundert war er in entlegenen Gegenden Skandinaviens üblich, in Südamerika stoßen wir auch auf das Floß aus Balsaholz, ein extrem leichtes Holz, das sich hervorragend für solche Zwecke eignet. Heute noch werden solche Flöße zum Fischfang auf dem Titicacasee verwendet. Ein Balsafloß war es auch, das Thor Heyerdahl benützte, um seine These von der Herkunft der Bewohner Polynesiens zu untermauern, und dieses Floß erwies sich als durchaus seefest und war auch schlechtem Wetter gewachsen. Tierhautflöße kann man immer noch in Tibet sehen, Eskimos dagegen verwenden die weiterentwickelte Form, das Umiak, aus Häuten bestehend, die über hölzerne Rippen gezogen und abgedichtet wurden. Dadurch entsteht ein Gebilde, das unseren heutigen Booten schon recht ähnlich ist. Das sogenannte Coracle in Großbritannien und Irland beruht auf demselben Prinzip. Das Papyrusfloß, dessen Heimat wahrscheinlich Ägypten ist, finden wir heute fast nur noch im Innern Afrikas. Mehr als 6000 Jahre scheinen spurlos an ihm vorübergegangen zu sein.

Mediterrane Schiffe

Parallel zur Entwicklung der Kulturen machte auch der Schiffbau Fortschritte. Hier ist an erster Stelle Ägypten zu nennen, wo ja schon um ca. 3000 v. Chr. eine Hochkultur bestand, die zudem noch eine rasche Weiterentwicklung zeigte, während in Mitteleuropa noch – bildlich gesprochen – alles finster war. Auf den frühen Darstellungen findet man kaum Segel, die Boote oder Schiffe wurden gepaddelt, oder, sehr viel später, gerudert, also durch Muskelkraft vorangetrieben. Trotzdem zeigt das vereinzelte Erscheinen von Segeln in den Abbildungen, daß die Möglichkeit, sich der Kraft des Windes zu bedienen, durchaus bekannt war, und mit zunehmendem Wis-

Eine Nilbarke mit Rudern und Segel zeigt diese altägyptische Darstellung aus den Gräbern der Noblen und Würdenträger in der Totenstadt Theben.

sensstand auch in immer größerem Ausmaß genutzt wurde, wobei die frühen Segelschiffe sich nicht ausschließlich auf den Wind verließen, sondern immer auch zusätzlich durch Paddel oder Riemen angetrieben werden konnten. Dies wurde durch zwei Umstände erforderlich: Erstens wurden sie meistens auf Flüssen oder in Flußmündungen benützt, und zweitens konnten diese Schiffe nur den Wind ausnützen, der genau in die gewünschte Richtung blies, also von achtern (hinten) in das Segel fiel. Ein Segeln im heutigen Sinne, bei dem man den Wind als Antrieb für praktisch jede Richtung verwenden kann, sofern nur genügend Platz zum Kreuzen vorhanden ist, war mit der damaligen Ausrüstung unmöglich und sollte es auch für sehr lange noch bleiben. Wahrscheinlich haben die Chinesen die moderne Art des Segelns schon Jahrhunderte vor uns beherrscht, denn die eigenartigen Dschunkensegel lassen sich auf vielfältige Weise drehen und verstellen, können also sehr gut an den Wind angepaßt werden. Sie finden auch heute noch nahezu unverändert Verwendung, haben sich jedoch im Abendland nie durchsetzen können.
Trotz dieses Handicaps spielte das Segeln eine immer größere Rolle im von Wind und Wetter durch die geschützte Lage begünstigten Mittelmeer, vor allem bei der Überwindung größerer Entfernungen, und die Ägypter sollen um 3000 v. Chr. schon bis Syrien und Kreta gesegelt sein, ja sogar bis nach Phönizien. Hier handelt es sich also nicht mehr um Fluß- oder Küstensegler, sondern um segelnde Schiffe von beträchtlichen

Ausmaßen, durch Segel und Ruderer vorangetrieben. Da die Ägypter nicht über ausreichend große Bäume verfügten, waren diese Schiffe aus kurzen, dicken Stücken von Sykomoren- oder Akazienholz zusammengefügt, die man durch kleine Holzstückchen miteinander verkeilte. Ein Bootsfund, der auf das Jahr 2000 v. Chr. datiert wird, zeigt uns dies. Um eine bessere Stabilität zu erreichen, wurden starke Seile über die ganze Länge gespannt, die über Holzstützen liefen und durch Zusammendrehen mittels eines Knebels straffgehalten wurden. Ein Relief (3000 v. Chr.) läßt deutlich erkennen, daß man sich damals eines umklappbaren, zweibeinigen Mastes bediente, der an seiner Spitze leicht gebogen war. An ihm wurde das übliche Rahsegel befestigt. Vorder- und Achtersteven des Schiffes sind hoch aufgerichtet und tragen Hoheitszeichen – heute würde man sie wohl Wappen nennen – und das unheilverhütende, alles sehende rituelle Auge der ägyptischen Kultur, das man ja auch in allen anderen Lebensbereichen wiederfindet, und das in der Seefahrt bis in unsere Tage immer wieder auftaucht, obwohl sich sicherlich die wenigsten über seine Ursprünge im klaren sind.

Die Bedeutung des Schiffes in dieser Zeit ist kaum zu überschätzen; wie sonst konnte man schnell große Entfernungen überwinden und schwere Lasten transportieren – man denke nur an die Monumentalbauten der Ägypter, auch Raubzüge mit schneller anschließender Flucht – durchaus üblich zur Beschaffung von Sklaven und Schätzen – wurden durch die Weiterentwicklung und Vervollkommnung des Schiffbaus sehr erleichtert.

Das Modell eines jüdischen Handelsschiffes aus dem 14. vorchristlichen Jahrhundert befindet sich im Museum der israelischen Stadt Haifa.

All das war besonders schätzenswert für die Völker, die das Meer sozusagen vor der Haustür hatten. Deshalb fand auch nicht etwa eine isolierte Entwicklung in Ägypten statt, Phönizier und Kreter waren ebenso wie später Griechen und Römer Seefahrer. Vor allem die Phönizier, die ja ein ausgesprochenes Händlervolk waren, wären ohne Schiffe auf diesem Gebiet sicherlich nicht so erfolgreich gewesen. Leider haben sie uns keine Zeugnisse ihrer Schiffbaukunst hinterlassen, und nur aus Darstellungen anderer Völker, beispielsweise der Griechen, wissen wir, wie ihre Schiffe ungefähr ausgesehen haben. Sie ähnelten den ägyptischen Schiffen dieser Epoche, waren jedoch möglicherweise ohne Längsversteifung durch eine gespannte Trosse. Statt dessen ragten die Decksplanken über den

Eine der wenigen uns erhaltenen griechischen Schiffsdarstellungen zeigt diese Schale, auf der Dionysos den Weinstock nach Griechenland bringt.

Schiffsrumpf hinaus, was ebenfalls der Festigkeit dienlich war. Die großen, schweren Schiffe, mit Segeln und Rudern ausgerüstet, beförderten Holz und Kupfer, Gold und Gewürze. Nach der Eroberung der Insel Kreta durch die Mykener vom griechischen Festland aus bauten die Phönizier ihre Seemacht weiter aus, wozu nicht nur Handelsschiffe, sondern auch Kriegsschiffe nötig waren.

An Kriegsschiffe wurden völlig andere Anforderungen gestellt als an Handelsschiffe. Die großräumigen, schweren Lastensegler waren zum Transport der verschiedensten Güter über weite Entfernungen geeignet, von Ruderern wurden sie wegen ihres Gewichtes nur im Notfall fortbewegt. Geschwindigkeit und Wendigkeit waren weniger wichtig als Seetüchtigkeit und Stauraum. Ganz anders dagegen die Kriegsschiffe. Bei ihnen stand Manövrierfähigkeit und Schnelligkeit im Vordergrund, außerdem brauchte man eine festen, stabilen Bootsrumpf, der Rammstöße aushalten konnte. Schlank und schmal, nur bedingt schlechtwettertauglich, mit einer oder mehreren Reihen von Ruderern besetzt – so haben, nach allem, was wir heute wissen, die Kriegsschiffe des Mittelmeerraumes in vorchristlicher Zeit ausgesehen.

Sie waren mit Segelvorrichtungen ausgerüstet, zunächst einmal aber waren es Galeeren, bei denen sich manchmal die äußere Ruderreihe außerhalb des eigentlichen Bootskörpers befand, um diesen schlank und wendig zu erhalten und die Kämpfenden auf dem Kampfdeck nicht zu behindern. Der Bug war mit einem starken Rammsporn versehen. Diese Bauweise scheint aus dem Einbaum hervorgegangen zu sein, der beim damaligen Kenntnisstand eine von der Plankenbauweise unerreichbare Festigkeit gegen Rammstöße bot. Erst die Korinther haben, dem griechischen Geschichtsschreiber Thukidides zufolge, die Spantenbauweise bei den Kriegsschiffen eingeführt, die gegenüber der einfachen Plankenbauweise mehr Festigkeit aufwies und gegenüber dem Einbaum wesentlich leichter war, also entweder bei gleichbleibender Schnelligkeit mit weniger Ruderern auskam, oder aber, bei gleichbleibender Ruderzahl, sehr viel schneller war. Diese Schiffe hatten, wie uns zeitgenössische Darstellungen auf Vasen vermuten lassen, einen verstärkten Kiel und einen Rammsporn, der nicht aus einem Stück mit dem Kiel gefertigt war, sondern so befestigt war, daß im Falle seiner Beschädigung das Schiff nicht ernstlich getroffen war, sondern notfalls auch ohne Sporn den Kampf – oder die Flucht – fortsetzen konnte. In dieser Epoche zeigen die meisten Geleerendarstellungen auch Rahsegel, die sich sogar reffen ließen, mit Zweibeinmast, wie er auch auf Handelsschiffen üblich war. Offensichtlich nützte man ver-

In Montpellier/Frankreich wurde dieses Fragment einer spätrömischen Grabstele aus dem 2./3. Jahrhundert gefunden. Es zeigt ein römisches einmastiges Handelsschiff mit lediglich einem Segel.

stärkt die Kraft des Windes. Ruderdecks außerhalb des Bootskörpers treten nur noch vereinzelt in Erscheinung.
Die zwei Reihen Ruderer der Biremen, des gebräuchlichsten Galeerentyps, ließen sich bequem im Bootskörper unterbringen. Als dann aber Triremen, Quadriremen, Quinqueremen usw., das sind Schiffe mit drei, vier, fünf Reihen von Ruderern, aufkamen, mußte wieder verstärkt auf das Außendeck zurückgegriffen werden, um den Innenraum freizuhalten.
Auch das römische Reich kam natürlich nicht ohne Schiffe aus. Kriegszüge und Handelsbeziehungen mit fernen Kolonien ließen das Schiffbauhandwerk aufblühen. Zwei römische Kriegsschiffe sind uns auf rätselhafte Weise erhalten geblieben – im Nemi-See, südöstlich von Rom. Durch Jahrhunderte hindurch berichtete die Überlieferung von zwei Schiffen auf dem Grunde des Sees, und im Laufe der Zeit wurden verschiedene Versuche zu ihrer Hebung unternommen, die aber alle erfolglos blieben. Erst im Jahre 1927, nach der Entdeckung eines alten römischen Kanals, konnte man den See völlig trokkenlegen und fand schließlich, nach jahrelangem Suchen, im Schlamm des Seegrundes zwei große, gut erhaltene Kriegsschiffe, die von den Schiffsbaufähigkeiten der Römer Zeugnis geben. Warum aber diese Kriegsschiffe auf dem kleinen, unbedeutenden Nemi-See fuhren, konnte bis heute nicht geklärt werden. Man nimmt an, daß sie für Kriegsspiele, also als Volksbelustigung, ähnlich den Turnieren des Mittelalters oder den römischen Gladiatorenkämpfen, verwendet wurden, doch ist dies nirgends beurkundet. Einige Altertumsforscher sind auch der Meinung, daß diese Schiffe Übungszwecken dienten. Wie dem auch sei – durch ihren Liegeplatz sind uns diese Schiffe erhalten geblieben und veranschaulichen heute, zu welchen schiffbaulichen Leistungen man schon in der Römerzeit in der Lage war.
Die Nemi-See-Schiffe sind ähnlich gebaut wie die schon einige Jahrhunderte früher entstandenen Kriegsschiffe des Mittelmeeres. Abbildungen römischer Schiffe aus dieser Zeit zeigen aber teilweise eine Neuheit: einen zweiten Mast im Vorschiff, an dem ein kleines Segel, das sogenannte Artemonsegel befestigt war. Vor allem die Kornschiffe waren auf diese Weise getakelt. Sie beförderten Getreide aus Ägypten und Kleinasien nach Italien. Durch das kleine Vorsegel ließen sich die großen Lastschiffe leichter manövrieren.

Die nordischen Schiffe

Das milde Klima des Mittelmeers begünstigte die schnelle Entwicklung des dortigen Schiffbaus. Im kühlen und stürmischen Nordeuropa dagegen ging die Entwicklung viel langsamer vonstatten, parallel zum kulturellen Fortschritt. Lange Zeit fand man hier nur kleine Binnen- oder Küstenschiffe. Das nachteilige Klima wurde wenigstens teilweise wieder ausgeglichen durch einen besonderen Vorzug Nordeuropas: Es gab ausreichend große Bäume für den Schiffbau. Aus diesem Grund scheinen die Skandinavier über den Einbaum zum Schiffbau gekommen zu sein. Später baute man dann Boote aus mehreren, einander überlappenden Planken (die sogenannte Klinkerbauweise im Gegensatz zur Kraweelbauweise des Mittelmeeres, bei der die Planken an der Schmalseite aneinanderstoßen und mit Holzkeilen oder Pflöcken befestigt werden). Ebenfalls vertreten war das Fellboot, ein langes, schmales und leichtes Wasserfahrzeug, das aus zusammengenähten Tierfellen bestand, die über ein hölzernes Gerüst gezogen wurden. Das Umiak der Eskimos zeigt dieses Fellboot bis auf den heutigen Tag fast unverändert. Schon die frühen Fellboote scheinen besegelt gewesen zu sein, zumindest deuten einige Wandbilder und vor allem das Bild eines Bootes, das ein in Dänemark gefundenes bronzenes Rasiermesser schmückt, darauf hin. Das Boot muß eine wichtige Rolle im damaligen Leben gespielt haben, denn gerade auf Höhlen- und Felszeich-

nungen taucht es sehr häufig auf. Dies gibt uns zahlreiche Hinweise auf die Anfänge des skandinavischen Schiffbaus. Das Hjortspring-Boot (so benannt nach seinem Fundort, einem Bauernhof auf der Insel Alsen, Dänemark) ist wohl das älteste bekannte Fundstück. Es entspricht mit seinen eigenartigen, durch Holzstege miteinander verbundenen Doppelenden genau den steinzeitlichen Wandbildern. Es ist ein Holzboot, aber durch Innenrippen verstärkt wie ein Fellboot. Man hat keine Anzeichen für eine Besegelung gefunden.
Im siebten und achten Jahrhundert scheint sich das Segeln dann aber durchzusetzen. Bildsteine aus Gotland zeigen kleine Segelschiffe, wie im Mittelmeer mit seitlichem Steuerruder auf der rechten Schiffsseite (deshalb »Steuerbord«), die anscheinend ganz auf die Anbringung von Rudern verzichteten. Die Rahsegel sind von diagonalen Linien durchzogen. Höchstwahrscheinlich handelt es sich dabei nicht um Verzierungen, sondern um Lederverstärkungen des lockeren Gewebes (Leinen?), aus dem die Segel gefertigt waren. Zwei große Schiffsfunde aus dem 10. und 11. Jahrhundert, das Gokstadtschiff (Sandefjord) und das Osebergschiff (Norwegen) zeigen dagegen schon ganz andere Ausmaße. Vor allem das Osebergschiff ist ein großes, schweres, seetüchtiges Schiff, mit Segeln und Rudervorrichtungen ausgerüstet. Dieses Schiff diente einer norwegischen Königin als Grabmal. Mit ihr waren zwei weitere Frauen, vier Hunde und zehn Pferde im Schiff bestattet worden. Die Schiffsgräber sollten die Reise der Toten ins Jenseits symbolisieren. Eigentlich verdanken wir die Bestattungsweise und damit die Schiffsfunde der Christianisierung der Wikinger im 8. und 9. Jahrhundert, denn der christliche Glaube verbot die bis dahin übliche Verbrennung der Toten. Die heidnische Sitte der Grabbeigaben aber behielten die Wikinger bei – zum Glück für die Nachwelt, die daraus schon viele Aufschlüsse über das damalige Leben erhalten hat.
Ende des 19. Jahrhunderts segelte eine Nachbildung des Osebergschiffes in einem Monat über den Atlantik, was seine volle Seetüchtigkeit unter Beweis stellte. So ähnlich könnten die Schiffe Eriks des Roten und Leif Eriksons ausgesehen haben, mit welchen sie erwiesenermaßen bis Grönland (Erik der Rote) und höchstwahrscheinlich sogar bis Neufundland (Nordamerika) gesegelt sind. Grönländische Sagen berichten von dieser Reise nach »vinland – Weinland«, wo Leif Erikson mit 33 Männern überwintert und Siedlungen gegründet haben soll. Man hat diese Überlieferungen lange Zeit angezweifelt, doch 1963 fand der norwegische Forscher Helge Ingstadt, von der Wahrheit dieser Berichte überzeugt, auch tatsächlich Überreste von Wikingersiedlungen an der Küste von Neufundland. Die Wikinger scheinen also Amerika wirklich 500 Jahre vor Kolumbus entdeckt zu haben. Die Raub- und Handelszüge der Wikinger waren aber nicht nur nach Westen oder Osten gerichtet, Verbindungen nach Süden müssen auch bestanden haben. So hat man in einem Grab in Südschweden über 10.000 Silbermünzen aus dem islamischen Raum gefunden. Die Wikinger oder Normannen waren ohne Zweifel die unternehmungslustigsten Seeleute dieser Zeit, die mit Ruder und Segel gleichermaßen gut umzugehen wußten. Wagemut und Können im Verein mit hervorragenden Schiffsbaukenntnissen ermöglichten es ihnen nicht nur, die damals bekannte Welt zu bereisen und Handel zu treiben, sondern auch zu neuen Ufern vorzustoßen.
Berühmt aus den nordischen Sagas sind die Drachenschiffe, lange, schnelle Kriegsschiffe mit abnehmbarem Drachenkopf am Bug. Ob diese Drachenköpfe zur Abschreckung des Feindes oder zur Vertreibung von Meerdämonen bestimmt waren, darüber sind sich die Forscher nicht einig. In heimischen Gewässern durften sie nicht geführt werden. Solche Drachenschiffe mit bunten Segeln zeigt auch der Wandteppich von Bayeux, der die Landung Wilhelms des Eroberers in seinem Schiff »Mora« in England (1066) darstellt. Die Knorre, das

Modell des Gokstadtschiffes. Das Steuerruder befindet sich hinten an der Steuerbordseite des Schiffes.

Handelsschiff der Wikinger, war ein breites, schwerfälliges Schiff, von dem wir nur sehr wenig wissen. Die Bildsteine von Gotland zeigen Wammenbug (wie schon 1000 Jahre zuvor im Mittelmeer) und Rahsegel, wahrscheinlich also auch Merkmale der Knorre.
Durch ihre ausgedehnten Züge über ganz Europa waren Siedlungen der Wikinger bald in England, Frankreich, Spanien und nicht zuletzt Italien zu finden. Im Laufe der Zeit gingen die Leute aus dem Norden in den jeweiligen Urbevölkerungen auf und hörten auf, als eigenständiges Volk zu existieren. Ihr kulturelles Erbe aber ist in ganz Europa zu finden.

Seefahrt im Mittelalter

Schiffe aus dem Mittelalter sind uns nur sehr spärlich erhalten geblieben, doch die Zahl der bildlichen Zeugnisse ist, verglichen mit den vorhergegangenen Epochen, deutlich größer. Vor allem in Hafenstädten war es beliebt, Schiffe in das Stadtsiegel aufzunehmen, daneben gibt es aber auch Bilder und illustrierte Handschriften, die uns Aufschluß geben können, und schließlich sind uns auch einige Schiffsmodelle erhalten geblieben, wie etwa das Mataró-Schiffchen, auf das wir später noch

Ein typisches Wikingerschiff, bei dem Segel und Ruder als Antriebsmittel genutzt wurden, zeigt dieses Bild.

Originalnachbildung eines Wikingerschiffes im Wikingerdorf von Jössefors/Värmland. Der Drachenkopf am Bug des besegelten Schiffes ist ein charakteristisches Merkmal vieler Wikingerschiffe.

eingehen werden. In Nordeuropa wurde auch nach der Wikingerzeit Seefahrt und Handel großgeschrieben. Die nautischen Kenntnisse der Wikinger gerieten keineswegs in Vergessenheit, sondern wurden eifrig genützt und weiterentwickelt. Obwohl erwiesenermaßen gute Verbindungen zwischen dem nordeuropäischen und dem Mittelmeerraum bestanden haben, finden wir vorerst zwei völlig unterschiedliche Schiffstypen. Im Ostseeraum und im atlantischen Küstengebiet sind es Schiffe in Klinkerbauweise mit Rahsegeltakelung mit einem seitlichen Ruder (rechts = Steuerbord), im Mittelmeerraum solche in Kraweelbauweise mit Lateinersegel, die auf jeder Seite ein Steuerruder haben. Erst im 15. Jahrhundert findet allmählich eine Vermischung der beiden Typen statt, wobei man versucht, sich die Vorteile beider Bauweisen zunutze zu machen. In Nordeuropa findet man im Mittelalter immer mehr reine Segelschiffe, die nur im Notfall, also bei völliger Flaute oder Segelschaden, durch wenige Ruderpaare angetrieben wurden, während im Mittelmeer die Galeeren vor allem als Kriegsschiffe noch bis zur Schlacht von Lepanto (1571) in größerem Umfang zum Einsatz kamen.
Mittelalterliche Schiffe auf Siegeln können durch die runde Form derselben in der Abbildung der Proportionen nicht der Wirklichkeit entsprechen. Man muss diese Tatsache in Rechnung stellen, wenn man beispielsweise das Siegel der Stadt Lübeck betrachtet. Es zeigt ein Schiff, das in seinen Grundeigenschaften den Wikingerschiffen sehr nahe kommt, Bug und Heck sind gleich, beide mit Tierköpfen geschmückt. Zwei Personen sitzen darin. Eigenartigerweise befindet sich das Steuerruder auf der Backbordseite, was wahrscheinlich dadurch verursacht wird, daß der Hersteller des Siegels nicht bedacht hat, daß der Abdruck eines Siegels seitenverkehrt zur Vorlage erscheint. Ähnliche Schiffe findet man auch auf den Siegeln von La Rochelle, Hastings und Sandwich. Gegenüber den Wikingerschiffen gibt es einige Neuerungen. Die Decksbalken enden erst außerhalb der Seitenplanken, was natürlich der Festigkeit der Schiffskörper dient. Aus den Plattformen der Wikingerschiffe, die kunstlos und zweckmäßig gebaut waren, entwickelten sich große, reich geschmückte Vorder- und Achterkastelle. Alle diese Abbildungen sind aufgrund der Siegelform zu hoch und zu kurz, aber man kann sich sehr gut vorstellen, wie die damaligen Schiffe ausgesehen haben.
Im Ostseeraum entwickelte sich im 12. Jahrhundert der Handel so vielversprechend, daß deutsche Kaufleute 1161 eine Hanse (Schar) gründeten, und zwar in Wisby auf Gotland. Andere Kaufleute, aus Köln und dem westfälischen Raum stammend, verbanden sich in London ebenfalls zu einer Hanse, die starken Zulauf hatte. Beide vereinigten sich 1358 zur deutschen Hanse. Die Hanse war ein loser Zusammenschluss von Kaufleuten aus verschiedenen Ländern zur Wahrung gemeinsamer Interessen, gewann aber durch die zahlreichen,

Der Herzog von Braunschweig in Seenot. Darstellung aus der Wallfahrtskirche in Altötting (entstanden um 1520).

Auf diesem Siegel der Stadt Stralsund aus dem Jahr 1329 ist eine frühe Kogge zu sehen.

teilweise befestigten Stützpunkte, von denen aus das Hinterland erschlossen wurde, die räumliche Ausdehnung und nicht zuletzt auch durch ihre Finanzkraft große Macht. Sie hatte, um ihren Küstenhandel betreiben zu können, einen großen Bedarf an seetüchtigen, wehrhaften Schiffen mit ausreichender Ladekapazität. Selbstverständlich wurden alle damals gängigen Schiffstypen benutzt, die Hansekogge jedoch entsprach diesen Anforderungen sicherlich am meisten. Siegel der Hansestädte (z.B. Elbing, Wismar) veranschaulichen ihre Entwicklung. Grundlage war das Wikingerhandelsschiff, die Knorre, und ihre Nachfolger. Die Klinkerbauweise mit durchstoßenden Decksbalken wurde beibehalten, das Vorderkastell verkleinert und das Achterkastell sehr stark vergrößert, die Rahsegel waren teilweise mit Reffbändseln versehen. Manchmal wurde an der Mastspitze ein Toppkastell angebracht. Später wurden auch Koggen mit zwei und drei Masten gebaut, doch blieben sie eher eine Ausnahme. Die typische Kogge ist ein Einmaster. Eine wesentliche Änderung ist am Steuerruder festzustellen; es ist nicht mehr seitlich angebracht, sondern wurde in ein Achterstevenruder (hinten angehängtes Ruder, das in einer Linie mit dem Schiffskiel verläuft) umgewandelt. Wann genau das erste Schiff mit einer solchen Ruderkonstruktion gebaut worden ist, läßt sich nicht mehr feststellen, doch soll schon ein Relief aus dem 11. Jahrhundert in der Kathedrale von Winchester (England) ein ähnlich konzipiertes Ruder zeigen. Die Steven der Kogge waren geradlinig und nicht mehr vorne und hinten gleich wie beim Wikingerschiff, sondern der Achtersteven war steiler als der Vordersteven. Koggen hatten ein hohes Freibord (also eine hohe Bordwand oberhalb der Wasserlinie), was die große Nutzlast von durchschnittlich etwa 120 Tonnen erklärt. Die Nutzlast läßt sich aus Abrechnungsbüchern rekonstruieren, die uns erhalten geblieben sind, und die die jeweilige Ladung der Kogge aufgezeichnet haben.

Natürlich konnte es nicht ausbleiben, daß eine so weit verzweigte und mächtige Organisation wie die Hanse sich Feinde machte. Zum einen waren es die örtlichen Landesfürsten, denen die Macht der Hanse ein Dorn im Auge war, zum anderen waren es Abenteurer und Seeräuber, die es auf die Ladung der Schiffe abgesehen hatten. Auch die berühmten Seeräuber Klaus Störtebecker und Gödecke Michels mit ihrem Bund der Vitalienbrüder (Vitalien sind Lebensmittel, der Bund versorgte das belagerte Stockholm mit Lebensmitteln, die zuvor den Hanseschiffen geraubt worden waren) waren eifrig bemüht, sich an den Gütern der Hanse zu bereichern. Schließlich aber blieb die Hanse Sieger – die Anführer der Vitalienbrüder wurden gefangengenommen und zusammen mit 150 ihrer Anhänger hingerichtet.

Über drei Jahrhunderte blieb die Macht der Hanse trotz aller Angriffe erhalten, dann erstarkten allmählich die Ostseestaaten und der Handel verlagerte sich durch die Entdeckung Amerikas und durch die Asienfahrer mehr auf den Atlantik – der allmähliche Niedergang der Hanse war nicht mehr aufzuhalten. Aber noch heute nennen sich Hamburg, Bremen und Lübeck »Hansestadt«, obwohl dieser Ausdruck jegliche praktische Bedeutung verloren hat.

Auch im Mittelmeerraum blieb die Entwicklung nicht stehen. Während uns aus der nachrömischen Zeit bis ca. 800 n.Chr. fast keine Zeugnisse des dortigen Schiffbaus erhalten geblieben sind, ist die Zeit des Mittelalters wieder durch zahlreichere Überlieferung dokumentiert. Vor allem Fresken und Mosaiken in Kirchen und Palästen, aber auch Gemälde und illustrierte Handschriften zeigen uns, wie damals ein Mittelmeerschiff aussah. Wie schon in vorchristlicher Zeit bevorzugte man die Kraweelbauweise, das heißt Planke stieß an Planke ohne Überlappung, und zwei Steuerruder seitlich. Neu ist jedoch das Lateinersegel, ein Segel mit schrägstehender Rahe,

Einer Galeone ähnelt dieses Schiff (aus einer englischen Handschrift um 1520), es hat aber nur zwei Masten.

Modell einer Hansekogge. Deutlich sichtbar ist die schwere Bewaffnung und das stark vergrößerte Achterkastell.

dreieckig, das im mittelalterlichen Nordeuropa gänzlich unbekannt war. Viele Forscher sind der Ansicht, daß die Ursprünge des Lateinersegels im arabischen Raum zu suchen sind, und manche Anhaltspunkte, wie etwa die Verbreitung des Lateinersegels in diesem Raum, sprechen dafür; sichere Beweise aber gibt es nicht.
Die Mosaiken von San Marco in Venedig stellen auch dreimastige Schiffe mit Lateinersegeln dar. Der Haken am Masttop, typisch für diese Art der Takelung, ist deutlich zu erkennen. Wahrscheinlich waren auch die Kreuzfahrerschiffe ähnlich gebaut. Sie müssen in der Seefahrt des Mittelalters eine bedeutende Rolle gespielt haben, hatten sie doch über zwei Jahrhunderte hinweg die Aufgabe, große Menschenmengen über das Mittelmeer nach Konstantinopel oder Palästina zu bringen. Die meisten Kreuzfahrer, sofern sie nicht sowieso aus dem Mittelmeerraum stammten, kamen auf dem Landweg nach Italien, um sich dort mit Zielrichtung Osten einzuschiffen. Ende des 13. Jahrhunderts fanden die Kreuzzüge, die von wechselndem Glück begleitet und im wesentlichen erfolglos geblieben waren, ein Ende. Ihr Ziel, Palästina von den »Ungläubigen« zu befreien, hatten die Kreuzfahrer nicht erreicht.

Aus Marco Polos »Les Livres du Graunt Caam« (um 1400) stammt diese Darstellung von der Ankunft in Carcan.

Die südeuropäischen Handelsfahrzeuge dieser Zeit bieten sich dem Betrachter ganz anders dar als in Nordeuropa. Mittelmeerschiffe hatten keine steilen Steven wie die Hansekogge, sondern Bug und Heck waren im Bogen einwärts geschwungen. Die Mosaiken in Ravenna (Italien) zeigen Schiffe, die den römischen Kornfrachtern recht ähnlich sehen. Noch immer bedient man sich des doppelten Steuerruders, die Decksbalken stoßen durch die Beplankung, nur zwei Masten mit Lateinertakelung zeigen die Fortschritte, die man gemacht hat. Nordeuropäische Einflüsse sind nicht zu erkennen. Erst im 14. Jahrhundert findet man wieder wie in vorchristlicher Zeit Rahsegel im Mittelmeer, und jetzt setzt sich auch das Heckruder allmählich durch. Aber selbst 200 Jahre später gibt es noch Bilder, die die beiden seitlichen Steuerruder zeigen.
Im 14. und 15. Jahrhundert macht der Schiffbau rasche Fortschritte. Man kombiniert Rah- und Lateinersegel, die eingeschwungenen Enden kommen aus der Mode, das Heckruder setzt sich durch. Um dem Schiffskörper eine größere Festigkeit zu verleihen, ragen die Decksbalken, wie schon bei den römischen Kornschiffen, durch die Beplankung. Der Bootsrumpf wird in Kraweelbauweise erstellt, denn diese ist für große Schiffe günstiger, die Klinkerbauweise der Koggen kann sich nicht durchsetzen. Auch der Nachfolger der Koggen in Nordeuropa, der Holk, größer und geräumiger als die Kogge, übernahm die Kraweelbauweise und scheint nach allem, was uns bekannt ist, der Karracke ziemlich ähnlich gewesen zu sein. Ganz allgemein werden die Unterschiede zwischen süd- und nordeuropäischem Schiffbau immer geringer, man lernt voneinander, und dadurch entstehen im 15. Jahrhundert Schiffe, deren Grundzüge sich auch in der weiteren Geschichte der Seefahrt durchsetzen können und die vier Jahrhunderte lang das Aussehen der Segelschiffe mitbestimmen werden. Die Schiffbaukenntnisse des 15. Jahrhunderts verlieren erst ihren Wert, als die Großsegler schließlich, durch die Erfindung der Dampfschiffahrt zu wirtschaftlicher Bedeutungslosigkeit herabgesunken, fast gänzlich von der Bildfläche verschwinden. Sie waren es, die die Entdeckung Nord- und Südamerikas ebenso wie die Reise nach Indien auf dem Seewege ermöglichten, denn Wagemut und Ehrgeiz allein, ohne die richtige Ausrüstung, hätten nicht ausgereicht, in all diesen Gefahren zu bestehen.

Kriegsschiffe im Mittelalter

Auch hier gibt es grundlegende Unterschiede zwischen Mittelmeer und Nordeuropa. Während man im Nord- und Ostseeraum nach der Wikingerzeit auch Kriegsschiffe immer mehr als reine Segelschiffe anlegt, die nur noch im Notfall gerudert werden, herrschen im Mittelmeer nach wie vor die mit einem Zusatzsegel versehenen Galeeren vor. Diese waren zwar schnell und wendig, nach dem Aufkommen schwerer Geschütze aber den wesentlich massiver gebauten Segelschiffen eindeutig unterlegen. Zwischen dem 10. und 14. Jahrhundert wird uns aus dem Mittelmeerraum von der Dromone berichtet, einem langen Schiff mit hochaufragendem Heck, das der griechischen Bireme (ca. 4. – 3. Jahrhundert v.Chr.) ziemlich ähnlich gewesen sein muss. Einen wesentlichen Unterschied gibt es allerdings – die Besegelung. Die Dromone hat kein Rahsegel mehr wie die Galeeren des Altertums, sondern ein Lateinersegel. Illustrationen einer Handschrift aus dem 12. oder 13. Jahrhundert zeigen keine Ausleger für die Ruder, wahrscheinlich war der Rumpf der Dromone also breiter als der der Bireme. Gesteuert wurde sie durch die üblichen zwei seitlichen Steuerruder, am Bug ist der traditionelle Rammsporn der Kriegsschiffe im Mittelmeer angebracht. Geschichtsschreiber beschreiben sogar eine dreimastige sarazenische Dromone, gegen die Richard Löwenherz auf einem Kreuzzug kämpfen mußte, doch ist uns ein Bild einer solchen nirgends überliefert. Auch die Selander, ebenfalls eine Kriegsgaleere mit Segeln, ist uns nur aus alten Handschriften bekannt. Das normale Kriegsschiff des Mittelmeers in diesem Zeitraum scheint die Dromone mit einem Mast gewesen zu sein, zumindest nach der Häufigkeit zu urteilen, mit der sie in den Berichten auftaucht. Im 14. Jahrhundert waren Dromonen zum Teil schon mit geschützähnlichen Waffen, dem sogenannten »Griechischen Feuer«, ausgerüstet. Mittels eines Rohrs und eines Blasebalgs schleuderte man ein brennendes Naphta-Schwefel-Gemisch auf die herannahenden Feinde, um so deren Schiffe in Brand zu stecken und zu versenken oder sie in die Flucht zu schlagen. Vor allem die byzantinischen Kriegsschiffe, die ständig mit türkischen Angriffen zu kämpfen hatten, wendeten diese Waffe an. Einige Historiker sind sogar der Meinung, daß das Griechische Feuer mit ein Grund war, weshalb sich Byzanz so lange gegen den türkischen Ansturm halten konnte.
In Nordeuropa verlässt man sich nach der Wikingerzeit mehr auf Segel als auf Ruderer. Ende des 13. Jahrhunderts kann man auch bei den Kriegsschiffen den Übergang vom Steuerbordruder zum Stevenruder beobachten. In Skandinavien sind die Planken der Kriegsschiffe oft zweifarbig bemalt, die Segel manchmal ebenfalls gestreift oder ganz mit Lohe eingefärbt, wohl auch um ein Verrotten oder Verfaulen zu verhindern.

Diese Federzeichnung eines Segelschiffes mit Landsknechten und Matrosen entstand um 1520. Bei den Kriegsschiffen des Mittelalters löste der runde Mastkorb mit nach außen geneigten Wänden das zuvor übliche viereckige Toppkastell ab.

Reffbändsel sind weit verbreitet, und im 14. und 15. Jahrhundert werden auch die Webeleinen in den Wanten sehr modern. Man kann diese deutlich auf dem Siegel der Hansestadt Danzig erkennen. Das Danziger Schiff zeigt noch eine weitere Neuerung: einen runden Mastkorb mit nach außen geneigten Wänden. Vorher war ein viereckiges Toppkastell, meistens vorne am Mast angebracht, die Regel. Sehr gut sichtbar ist auch der Bugspriet, der durch das große, weit nach vorne ragende und spitz zulaufende Vorderkastell ragt. Die nordischen Kriegsschiffe des ausgehenden Mittelalters haben normalerweise einen Mast mit Rahsegel und sind immer noch in Klinkerbauweise erstellt. Die Kraweelbauweise des Mittelmeers taucht hier erst später auf. Wenn man die nordischen Kriegsschiffe betrachtet, darf man nicht vergessen, daß hier die Übergänge vom Frachtsegler zum Kampfsegler oft fließend waren. Vor allem die Schiffe der Hanse waren, obwohl eindeutig in erster Linie für den Gütertransport bestimmt, häufig schwer bewaffnet und mit Befestigungen versehen. Das lag natürlich daran, daß die reiche Ladung der Schiffe sowohl Piraten als auch Konkurrenten anlockte, denen man die Fracht aber nicht kampflos überlassen wollte. Wenn man die kräftigen, schwerbewaffneten Koggen ansieht, kann man sich vorstellen, daß sie keineswegs eine leichte Beute waren. Im allgemeinen aber waren Kriegsschiffe schmaler und wendiger gebaut als die schwerfälligen Frachtschiffe.

Entwicklung von Karracke und Karavelle

Das südliche Gegenstück des nordischen Holks, des Nachfolgers der Kogge, scheint die Karracke gewesen zu sein, ein Schiff, das alle bis dahin erworbenen Kenntnisse der Schiffbautechnik auf sich zu vereinigen suchte. Kraweelgebaut, zweimastig mit großem Rah- und kleinem Lateinersegel, durch die Bordwand ragenden Decksbalken, Toppnanten, Klüse für das Ankertau und Rundheck, das ist die Karracke zu Anfang des 15. Jahrhunderts. Aus der Kirche von Mataró nahe Barcelona stammt ein Votivschiff, das sich heute im Museum in Rotterdam befindet. Wahrscheinlich wurde es um 1450 angefertigt. Wie viele Masten es ursprünglich hatte, ist umstritten, als es in das Museum kam, waren es drei. Heute hat es nur einen Mast mit einem Rahsegel, doch viele andere Schiffe aus dieser Zeit, die uns aus bildlichen Darstellungen bekannt sind, haben sowohl eine Großmast mit Rahsegel als auch einen Kreuzmast mit Lateinertakelung, so daß eine ähnliche Ausrüstung des Mataró-Schiffes durchaus möglich zu sein scheint. Dieses Modell zeigt viele Einzelheiten, die sich auf Bildern nur schwer erkennen lassen. Das Vorderkastell, lang und spitz zulaufend, zeigt Anklänge an die nordischen Schiffe. Auch das Stevenruder stammt nicht aus dem Mittelmeerraum. Ob nun die Karracke zuerst in den Niederlanden, wie manche

Das typische Rundschiff des Mittelalters zeigt diese Darstellung von der Rückkehr der Kreuzfahrer 1493 aus »Ogier le Danois«.

Das berühmte Votivschiff aus der Kirche von Mataró, in der Nähe von Barcelona. Das Mataró-Schiff zeigt viele für Schiffe der damaligen Zeit typische Einzelheiten, wie z.B. das lang und spitz zulaufende Vorderkastell.

Forscher vermuten, oder im Mittelmeerraum entstand, ist eigentlich nicht so wichtig. Insgesamt scheint sie das Schiff zu sein, das das Bindeglied zwischen nordischem und mediterranem Schiffbau bildet. Hier beginnt etwas Neues – es gibt keine geographisch getrennte Entwicklung mehr, sondern nur noch gemeinsame Fortschritte.

Es gab jedoch nicht nur zweimastige, sondern auch dreimastige Karracken. Eine bemalte Keramikschale aus Südspanien (wahrscheinlich Málaga), die sich heute in England befindet, zeigt ein Schiff, ähnlich dem Mataró-Schiff, mit drei Masten. Auffällig daran sind die zahlreichen Querverstärkungen, die außen am Bootsrumpf angebracht sind, und die nicht durch die Beplankung stoßenden Decksbalken, sowie die vielen, am Achterdeck angebrachten Flaggen. Ende des 15. Jahrhunderts werden Vorder- und Achterkastell immer umfangreicher; hausartige Gebilde, die weit über den Schiffsrumpf hinausragen, entstehen. Fockmast und Besan zeigen ebenfalls einen runden Mastkorb, und auf einigen Darstellungen, vor allem denen des flämischen Künstlers W.A. (sein Name ist unbekannt, nur seine Signatur auf zahlreichen Schiffsbildern kennen wir), können wir Geschütze erkennen. Nach der Art der Bewaffnung und nach dem Aussehen der Schiffe zu urteilen, scheint es sich aber nicht um Kriegsschiffe, sondern um bewaffnete Handelssegler zu handeln, die sich gegen Übergriffe von Piraten und Abenteurern zu wehren hatten. Die Stiche des W.A. sind derart detailgenau, daß man nach ihnen zahlreiche Modelle anfertigen konnte, die sich heute in verschiedenen Museen befinden. Deutlich zu erkennen sind auch die äußeren Verstärkungen der Bordwand, die nicht nur quer verlaufen, wie schon auf dem spanischen Wandteller, sondern auch längs. Offensichtlich waren diese Verstärkungen angesichts der immer größer werdenden Schiffe eine Notwendigkeit. Die schwerfällige, robuste Karracke war wohl das gebräuchlichste Schiff im 15. und 16. Jahrhundert. Sie war nicht sehr schnell, aber durchaus in der Lage, sich ihrer Haut zu wehren, und vor allem gut zur Beförderung von Lasten und größeren Menschenmengen geeignet. Auch das Flaggschiff von Kolumbus, die »Santa Maria«, war nach allem, was wir heute wissen, eine Karracke, während seine beiden anderen Schiffe, »Pinta« und »Nina«, Karavellen waren.

Die Karavelle scheint aus portugiesischen Küstenfahrzeugen, vielleicht Fischerbooten, hervorgegangen zu sein. Kleiner und leichter als die Karracke, mit Lateinertakelung, oft ohne Fock, mit Besan- und Bonaventurmast, lang und mit geringem Tiefgang – so müssen wir uns die ersten Karavellen vorstellen. Karavellen mit Rahtakelung, sogenannte »carabelas redondas«, kamen erst in der weiteren Entwicklung auf, denn sie boten auf langen Strecken ohne Kreuzkurs einige Vorteile. Am Besan- oder Kreuzmast behielt man jedoch die Lateinertakelung bei. Vorder- und Achterkastelle waren bei der Karavelle nur angedeutet oder fehlten ganz, niemals nahmen sie den Raum ein, den sie auf den Karracken innehatten. Kolumbus bevorzugte auf seinen Entdeckungsfahrten die leichteren und wendigeren Karavellen mit geringem Tiefgang, weil in unbekannten Gewässern die Gefahr, auf Grund zu laufen, immer bestand, und ein Schiff mit großem Tiefgang wie die Karracke sehr viel gefährdeter ist.

Trotzdem waren es die Karracken, die mit ihrem großen Laderaum und ihrer Seetüchtigkeit im 16. Jahrhundert zum hauptsächlichen Transportmittel über weite Strecken wurden.

Ein Schiff inmitten von Fliegenden Fischen zeigt diese Illustration aus de Brys »Americae« (um 1600).

Ein französisches Segelschiff aus dem 15. Jahrhundert zeigt dieses Glasbild aus dem Palais Jacques Coeur in Bourges (Frankreich).

Schließlich entstand, wohl unter Ausnützung der Vorzüge von Karracke und Karavelle, die Galeone, die sich dann weitgehend unverändert über zwei Jahrhunderte halten konnte.

Ausrüstung und Takelung im Zeitalter der Entdecker und Weltumsegler

Im 15. und 16. Jahrhundert erlebte der Schiffbau eine Blütezeit. Man darf das aber nicht mit der heutigen Schiffbauindustrie vergleichen, die mit wissenschaftlichen Methoden arbeitet und erst auf theoretischem Wege abklärt, wie ein Schiff später aussehen soll, bevor man schließlich mit dem Bau beginnt. Schiffbau im 15. und 16. Jahrhundert war Handwerk und Kunst zugleich, basierend auf Erfahrung und Überlieferung, über Generationen vom Vater auf den Sohn weitergereicht und sorgfältig vor wißbegierigen Außenstehenden gehütet. Natürlich versuchten die verschiedenen Werften, Neuheiten so gut wie eben möglich zu kopieren oder in abgewandelter Form für die eigenen Schiffe zu verwenden, und was sich bewährte, setzte sich auch allgemein durch. Die Grundlagen des Schiffbaus waren Allgemeingut. Aber die letzten Feinheiten der Konstruktion waren von Werft zu Werft, von Schiffbauerfamilie zu Schiffbauerfamilie, ja sogar von Schiff zu Schiff verschieden. Einige Schiffbaumeister, wie etwa der Engländer Matthew Baker, gaben illustrierte Lehrbücher heraus, die uns heute wertvolle Aufschlüsse geben können. Ursprünglich waren sie allerdings nicht für die Nachwelt, sondern als Unterrichts- und Anschauungsmaterial für Lehrlinge und Schüler gedacht.

Ende des 15. Jahrhunderts waren Kombinationen aus Latei-

Eines der typischen Rundschiffe des Mittelalters mit Rahtakelung, wie sie im Ostseeraum und in den atlantischen Küstengebieten üblich war. Im Mittelmeerraum herrschte demgegenüber die Lateinertakelung vor. Proportionen und Größenverhältnisse sind hier wie bei den meisten Darstellungen aus dieser Zeit falsch und verzerrt dargestellt, die Schiffe waren in Wirklichkeit größer, die runde Form des Rumpfes weniger deutlich ausgeprägt.

ner- und Rahsegeln allgemein üblich, auch die Gaffeltakelung entstand aus dem Lateinersegel. Die hochaufragende und manchmal hinderliche Rahe wurde verkürzt, ein Dreieck vom Segel weggenommen – das Gaffelsegel war fertig. Eine weitere Neuerung dieser Zeit waren Mars- und Bramsegel – zuerst nur am Großmast, bei der rasch fortschreitenden Entwicklung bald an allen Masten. Auch in dieser Hinsicht lernte ein Schiffbauer vom anderen, Neuerungen wurden rasch nachgeahmt, bald war das Vollriggschiff im ganzen europäischen Raum verbreitet. Erwähnt seien in diesem Zusammenhang die Großschiffe, Repräsentier- und Imponierschiffe, die anscheinend von vielen seefahrenden Nationen für notwendig erachtet wurden. Berühmt wurde hier vor allem die »Henry Grace à Dieu« (Heinrich von Gottes Gnaden, im Volksmund auch »Great Harry« – »Großer Harry« genannt), die von dem prunksüchtigen Heinrich VIII. von England (1491 – 1547) aus Anlaß seiner Inthronisation (1509) in Auftrag gegeben und 1514 fertiggestellt wurde. Dieses Prunkschiff, doppelt so groß wie die anderen Schiffe dieser Zeit, war nach den neuesten Erkenntnissen gebaut und aufs Beste ausgestattet. Zwei Gemälde sind uns erhalten geblieben, die deutlich zeigen, wie die »Henry Grace à Dieu« ausgesehen hat. Das erste, 1520 entstanden, zeigt uns die Abreise Heinrichs aus Dover, das Schiff unter vollen Segeln, die ganz gelb leuchten. Es gibt uns aber nicht so viele Aufschlüsse über Einzelheiten wie das zweite, das 1545 von einem Offizier angefertigt wurde und Heinrichs gesamte Flotte zeigt. In der Zeit zwischen dem ersten und dem zweiten Bild war das Schiff total überholt und modernisiert worden, so daß es auch 1545 wieder den neuesten Stand der Entwicklung darstellte. Es hat einen den Karracken ähnlichen Rumpf mit umfangreichem Achterkastell und weit über die Bordwand hinausreichenden Vorderkastell, aber ein Spiegelheck wie die Karavellen. Vier bis fünf Decks waren wohl im Achterkastell übereinandergebaut. Vier Masten, die vorderen mit Rah-, die hinteren mit Lateinerbesegelung teilweise mit zwei Toppkastellen pro Mast, von denen Flaggen herabhängen, all das ist auf dem Bild gut zu sehen. Drei der Masten sind zusätzlich noch mit Mars- und Bramsegel ausgestattet, am Bugspriet, der sehr lang ist, hängt unten noch zusätzlich ein Rahsegel. Die »Henry Grace à Dieu« ist schwer bewaffnet, sie soll in der neuen Form Platz für über zweihundert Geschütze gehabt haben, wie uns zeitgenössische Chronisten berichten, und war durch Enternetze geschützt. Die Außenwände der Kastelle sind bunt bemalt. Leider ist dieses Schiff 1553 verbrannt, so daß uns nur die Gemälde von ihm erhalten geblieben sind. Auch Frankreich wollte ein ähnlich großes und prächtiges Imponierschiff auf die Reise schicken, doch stand dieses Unterfangen unter keinem günstigen Stern. Das Schiff »Grande Françoise« (Große Französin), 1533 erbaut, kenterte und versank kurz nach dem Stapellauf. Während der folgenden Jahrhunderte tauchen ähnliche Prunkschiffe immer wieder auf, sie sollten wohl Macht und Reichtum der seefahrenden Nationen repräsentieren. Nicht zufällig fällt die Blütezeit des Schiffbaus im 15. und 16. Jahrhundert mit dem Zeitalter der Entdecker und Weltumsegler zusammen. Zum einen ermöglichten die technischen Fortschritte erst die großen Entdeckungsreisen, zum anderen wurde der Schiffsbau von den Erfolgen der Seefahrt inspiriert, seine Bemühungen um immer bessere und leistungsfähigere Schiffe fortzusetzen. Außerdem war durch den allmählich weltweit gewordenen Handel der Bedarf an seetüchtigen Schiffen stark angestiegen. Erwähnenswert ist an dieser Stelle sicherlich auch der Kompaß. Um 1200 von China nach Europa eingeführt, wurde sein Gebrauch im 14. und 15. Jahrhundert allgemein üblich, und diese Tatsache hatte zweifellos einen nicht geringen Anteil an den Erfolgen der Weltumsegler.

Entdecker und Weltumsegler im 15. und 16. Jahrhundert

Über die Beweggründe der Entdeckungsreisenden und ihrer Förderer schreibt Stefan Zweig in seiner Magellan-Biographie: »Die Kühnheit, die Columbus nach Westen, die Bartolomeu Diaz und Vasco da Gama nach Süden, die Cabot nach Norden gegen Labrador vorstoßen ließ, entsprang in erster Linie dem zielbewußten Willen, endlich, endlich für die abendländische Welt einen freien, einen unbezollten und ungehinderten Seeweg nach Indien zu entdecken und damit die schmachvolle Vormachtstellung des Islams zu brechen. Immer ist bei entscheidenden Erfindungen und Entdeckungen ein geistiger, ein moralischer Antrieb die eigentlich beflügelnde Macht, meist aber wird der endgültige Abstoß ins Irdische dann von materiellen Impulsen gegeben. Gewiß hätten auch um der kühnen Idee willen die Könige und ihre Räte an Columbus' und Magellans Vorschlägen sich begeistert; nie aber wäre das nötige Geld gewagt worden an ihr Projekt, nie von Fürsten und Spekulanten ihnen tatsächlich eine Flotte ausgerüstet worden ohne die gleichzeitige Aussicht, bei dieser Entdeckungsfahrt den aufgewendeten Betrag tausendfach zu verzinsen. Hinter den Helden jenes Zeitalters der Entdeckungen standen als treibende Kräfte die Händler; auch dieser erste heroische Impuls zur Welteroberung ging aus von sehr irdischen Kräften – im Anfang war das Gewürz.« Soweit Stefan Zweig.

Vielleicht sollte man auch den persönlichen Ehrgeiz der Seefahrer und ihrer Mäzene berücksichtigen, der sie dazu bewog, ein Vermögen zu wagen und anspornte, alle Widerstände zu überwinden und die Strapazen der weiten Reisen auszuhalten und ihnen genügend Überzeugungskraft verlieh, um die Mannschaften auch unter widrigen Umständen bei der Stange zu halten, was sicherlich nicht immer einfach war. Schließlich hatte man auf den weiten Reisen mit Krankheiten, vor allem Skorbut und Fieber, mit Hitze und Kälte, Sturm und Flaute und mit Schwierigkeiten in der Nahrungsmittelbeschaffung zu kämpfen. Ausserdem wußte man nicht, was einen am Ziel erwartete, sofern man es erreichte. Ob man den Tod durch feindlich gesonnene Eingeborene oder Ruhm und Reichtum durch Gold und Gewürze finden würde, war nicht vorhersehbar. All dies waren Hindernisse, die man nicht unterschätzen sollte. Ermutigend wirkte sicherlich der Geist des Aufbruchs, der in der Renaissancezeit herrschte, er beflügelte die Seefahrer, die dumpfe Unwissenheit des Mittelalters abzuschütteln und zu neuen Ufern zu segeln.

Als Initiator der Entdeckungsreisen gilt heute Heinrich der Seefahrer, Infant von Portugal (1394 – 1460). Obwohl er

Die Ankunft des Kolumbus auf der Insel Guanahani zeigt diese Illustration aus de Brys »Americae«. Kolumbus, der glaubte, in Indien gelandet zu sein, wurde von den Eingeborenen durchaus freundlich empfangen und mit Geschenken bedacht.

Mit einem Schiff dieses Typs segelte Vasco da Gama nach Indien (aus Breidenbachs »Reise durch das Heilige Land«, 1486).

selbst außer einer Fahrt nach Ceuta (gegenüber Gibraltar auf dem afrikanischen Festland liegend) keine Seereisen unternommen hat, war er doch ein großer Förderer der Erforschung der Weltmeere. Er gründete nautische Schulen, rüstete Schiffe aus und setzte seinen ganzen Einfluß und sein Privatvermögen ein, um aus Portugal eine Seemacht zu machen. Und er hatte Erfolg. 1432 entdeckten die Portugiesen die Azoren, 1434 umschifften sie Kap Bojador, 1445 erreichten sie Kap Verde und die Kapverdischen Inseln. 1460 starb Heinrich, ohne die eigentlichen Ergebnisse seiner Politik, die Entdeckung des Seeweges nach Indien und die Reisen zum amerikanischen Kontinent, miterlebt zu haben. Trotzdem konnte er auf zahlreiche Erfolge verweisen, unter seiner Regie waren die Portugiesen in unbekannte Meere vorgestoßen, und die von ihm in Gang gebrachte Entwicklung Portugals zu einer Seemacht sollte sich auch im folgenden Jahrhundert fortsetzen, ja sie wurde nach der Überwindung der Anfangsschwierigkeiten immer schneller. Sicherlich wäre ohne Heinrich den Seefahrer mancher Entdeckungsreisende niemals auf die Idee gekommen, ein solches Wagnis einzugehen, und falls doch, hätte er kaum Unterstützung unter den Mächtigen bekommen, wenn nicht der Boden durch Heinrich vorbereitet gewesen wäre. Den ersten Schritt getan zu haben, gegen alle Widerstände eine Idee verfolgt zu haben, darin liegt das Verdienst des portugiesischen Prinzen.

Christoph Kolumbus, 1451 in Genua geboren, fand unter den italienischen Fürsten, denen er seine Ideen vortrug, keine Gönner für sein Vorhaben. Nach dem Mißerfolg in Italien konnte er Isabella von Kastilien überzeugen, daß sein Vorhaben, den Seeweg nach Indien auf der Fahrt nach Westen zu

Die »Victoria«, das Schiff des portugiesischen Weltumseglers Magellan. Magellan war 1519 mit fünf Schiffen von San Lucar de Barrameda aus zu seiner Reise aufgebrochen, nur ein Schiff, eben die »Victoria«, konnte die Weltumsegelung beenden.

Im Hafen von Barcelona liegt diese Nachbildung der »Santa Maria«, des Schiffes, mit dem Kolumbus Amerika entdeckte. Es steht allerdings nicht fest, ob diese Rekonstruktion in allen Einzelheiten dem Original entspricht.

finden, von Erfolg gekrönt sein würde, und schloß im April 1492 mit ihr einen Vertrag, demzufolge er zum Großadmiral und Vizekönig der zu entdeckenden Gebiete ernannt wurde und ein Achtel aller daraus entstehenden Handelseinkommen erhalten sollte. Außerdem sollten ihm drei Schiffe mit Mannschaften zur Verfügung gestellt werden. Am 3. August des selben Jahres sticht Kolumbus mit seinen drei Schiffen »Santa Maria« (dem Flaggschiff), »Pinta« und »Nina« in See. Die »Santa Maria« war nicht, wie man früher angenommen hat, eine Karavelle, sondern höchstwahrscheinlich eine Karracke, wie auch die eigenhändigen Zeichnungen des Kolumbus belegen. Sie war schwerfälliger als die beiden Karavellen »Pinta« und »Nina«. Die Handzeichnungen des Kolumbus sind zu klein, um Einzelheiten erkennen zu können, und so können wir nur sagen, daß die »Santa Maria« mit drei Masten ausgestattet war, Groß- und Fockmast trugen Rahsegel, der Besan ein Lateinersegel, und nach schriftlichen Aufzeichnungen – auf den Skizzen ist es nicht zu erkennen – hatte sie zusätzlich noch ein Sprietsegel (ein kleines Rahsegel, das unten am Bugspriet befestigt ist). Gut sichtbar ist das Toppsegel am Großmast, deutlich auch das große Achterkastell und das Stevenruder. Kolumbus selbst nennt die »Santa Maria« in seinen Aufzeichnungen immer nur »la nao« (altspanisch »das Schiff«), im Gegensatz zu den als Karavellen bezeichneten Begleitschiffen »Pinta« und »Nina«. Die »Pinta« war von Anfang an eine »carabela redonda«, also eine rahgetakelte Karavelle, während die »Nina« mit Lateinertakelung in See stach. Kolumbus ließ aber während einer Reiseunterbrechung auf den Kanarischen Inseln die »Nina« ebenfalls mit Rahsegeln ausstatten. Nun war man bereit für die große, abenteuerliche Reise, die auf der einen Seite zwar Ruhm und Reichtum, auf der anderen aber auch Tod und Verderben bringen konnte. Am 12. Oktober erreicht Kolumbus die Insel Guanahani auf den Bahamas – Amerika ist entdeckt, und man segelt weiter nach Kuba und Haiti, das Kolumbus für Japan hält. Er glaubt noch immer, er habe den Seeweg nach Indien entdeckt und nennt deshalb die ihn freundlich empfangenden Eingeborenen Indianer. Kolumbus kehrt zurück, ohne das amerikanische Festland betreten zu haben, und ist am 4. März 1493 wieder in Lissabon, zehn Tage später wieder in seinem Ausgangshafen Palo in Spanien. Hier wird er mit allen Ehren empfangen, der erste Erfolg wird gebührend gefeiert. Auf seiner dritten Reise nach Westen erreicht er schließlich das südamerikanische Festland, doch inzwischen ist die Stimmung in der Heimat umgeschlagen. Auf

Anordnung des spanischen Königspaares bringt ihn ein nachgesandter Richter in Ketten nach Spanien zurück. Zwar kommt er wieder frei und unternimmt sogar noch eine vierte Reise, aber am 20. Mai 1506 stirbt er verarmt und verbittert in Valladolid, noch immer überzeugt, den Seeweg nach Indien gefunden zu haben. Heute ist er in der Kathedrale von Sevilla (Andalusien) bestattet.
Der persönliche Einsatz hat sich also für ihn nur insofern gelohnt, als er sein Ziel erreicht zu haben glaubte, Ruhm und Reichtum brachte er ihm zu Lebzeiten nicht ein. Für die Nachwelt allerdings wurde er der berühmteste Seefahrer aller Zeiten, jedes Kind kennt ihn, den Entdecker Amerikas.
Kolumbus war keine Einzelerscheinung um die Wende vom 15. zum 16. Jahrhundert. Die Erforschung der Erdkugel, von Heinrich dem Seefahrer nur mühselig in Gang gebracht, machte jetzt rasend schnelle Fortschritte. 1486 umrundete der Portugiese Bartolomeu Diaz das Kap der Guten Hoffnung, die Südspitze Afrikas; doch die mit Meuterei drohende Mannschaft zwang ihn umzukehren. 1498 war es dann so weit – Vasco da Gama, erst 29 Jahre alt, machte sich auf den Weg nach Indien, und er schlug ebenfalls die Route um Afrika herum ein. Im Mai 1498 erreichte er Kalikut an der indischen Malabarküste, der Seeweg nach Indien war endlich gefunden. Vasco da Gama hatte mehr Glück als Kolumbus, seine Erfolge wurden in der Heimat anerkannt, er wurde Vizekönig der portugiesischen Besitzungen in Indien, wo er 1524 auch starb. Erst über dreißig Jahre später wurden seine sterblichen Überreste nach Portugal zurückgebracht.
Über die Schiffe Vasco da Gamas ist uns nichts Genaues bekannt. Bilder, die erwiesenermaßen seine Schiffe zeigen, sind bis heute nicht aufgetaucht. Wahrscheinlich waren es die zu dieser Zeit üblichen Karavellen und Karracken, die ihm als Transportmittel dienten und die von seiner zweiten Reise nach Indien mit reichen Gewürzladungen nach Europa zurückkehrten. Diese Schiffe waren ja zur Zeit der ersten Entdekkungsfahrer in ganz Europa verbreitet, regionale Unterschiede bestanden kaum.
Der Portugiese Magellan wollte im Auftrag des spanischen Königs Karl V., der dann von sich sagen konnte, daß »in seinem Reich die Sonne nicht untergehe«, es also den ganzen Erdball umspanne, ebenfalls einen Seeweg nach Indien finden, und zwar wieder auf Westkurs. Mit fünf Segelschiffen bricht er im September 1519 von San Lucar de Barrameda (an der spanischen Atlantikküste) nach Westen auf. Über ein Jahr später erreicht er, an der südamerikanischen Küste entlangsegelnd, Feuerland, und findet die Durchfahrt nach Westen, die nach ihm benannte Magellanstraße. Mit noch drei Schiffen gelangt er dann im März 1521 auf die Philippinen, wo er das Opfer eines Kampfes mit Eingeborenen wird. Nur eines seiner Schiffe, die Victoria, kann die Weltumseglung beenden und kehrt, mit den begehrten Gewürzen reich beladen, nach fast genau drei Jahren wieder zu ihrem Ausgangspunkt San Lucar de Barrameda zurück. Früher war die Magellanstraße eine wichtige, vielbefahrene Schiffahrtsstraße. Nachdem aber 1913 der Panamakanal eröffnet wurde, sank sie zur Bedeutungslosigkeit herab und ist heute nur noch von lokalem oder historischem Interesse. Dennoch gilt der Satz Stefan Zweigs unverändert, der in seiner Magellan-Biographie sagt: »Aber niemals bestimmt in der Geschichte die rein praktische Nützlichkeit den moralischen Wert einer Leistung. Nur jener bereichert dauerhaft die Menschheit, der ihr Wissen um sich selber vermehrt und ihr schöpferisches Bewußtsein steigert.«
Natürlich sind Kolumbus, Vasco da Gama und Magellan nicht die einzigen Entdeckungsfahrer dieser Zeit geblieben. Denken wir nur an Amerigo Vespucci, der dem amerikanischen Kontinent den Namen gab, an die Erforscher Nordamerikas wie etwa Jacques Cartier und an die vielen anderen, erfolglos und damit namenlos gebliebenen, die vielleicht sogar ihr Leben ließen, um eine Idee zu verwirklichen. Es würde in diesem Rahmen zu weit führen, alle Entdeckungsreisenden des 15. und 16. Jahrhunderts erwähnen zu wollen, aber es muß gesagt werden, daß diese kurze Zeitspanne der Entdeckungen ungeheure Veränderungen mit sich brachte. Europa profitierte von den neuerschlossenen Gebieten, die Ureinwohner der nun in Reichweite gerückten Länder hatten allerdings unter den Europäern zu leiden, vor allem die Indianer Mittel- und Südamerikas. In den folgenden Jahrzehnten und Jahrhunderten ergoß sich eine Welle von Auswanderern über Nord- und Südamerika, zuerst nur Abenteurer und Sträflinge, wie im Westindischen Gebiet, wo sich neben Siedlerkolonien schnell auch Piratennester bildeten; dann auch solche, die in ihrer Heimat unter religiöser und politischer Verfolgung zu leiden hatten, schließlich viele, die vor der Armut der Alten Welt flohen und in der Fremde ihr Glück suchten, und nicht zuletzt Sklaven, von denen die freigelassenen oder entflohenen wieder eigene Siedlungen gründeten. So fand sich in der Neuen Welt ein buntes Gemisch von Menschen zusammen, das auch noch heute ihr Gesicht prägt. Selbst in unseren Tagen ist Amerika ebenso wie das viel später entdeckte Australien Ziel vieler Auswanderer, viele Hoffnungen verknüpfen sich mit diesen Namen.

Galeeren und Galeassen im Mittelmeer (14. bis 17. Jahrhundert)

In Nordeuropa waren die Kriegsgaleeren etwa gleichzeitig mit den Wikingern verschwunden. Man bevorzugte Segel, Ruderer wurden nur im Notfall und in geringer Anzahl eingesetzt. Ganz anders lagen die Verhältnisse im Mittelmeer. Hier fehlen die beständigen Winde der Ostsee oder des Atlantiks, winterliche Stürme wechseln sich ab mit sommerlicher Flaute, geruderte Schiffe bieten also gewisse Vorteile. Schon in vorchristlicher Zeit war das mediterrane Kriegsschiff eine Galeere, und so war es auch noch im 14. und 15. Jahrhundert. Auch Piraten bedienten sich ihrer gerne, um einen schwerbeladenen, bei wenig Wind nicht zur Flucht fähigen Frachter aufzubringen. Natürlich waren die Galeeren zusätzlich mit Segeln ausgerüstet, um günstige Winde ausnützen zu können, aber in erster Linie wurden sie durch Ruderer vorangetrieben. Leider gibt es fast keine gut erhaltenen Galeerenfunde aus dem Mittelmeerraum (eine Ausnahme sind die viel früher entstandenen römischen Nemi-See-Schiffe), aber zahlreiche bildliche Darstellungen veranschaulichen uns ihr Aussehen. Die mittelalterlichen Galeeren entsprachen weitgehend ihrem antiken Vorbild, waren Bi- oder Triremen, jetzt aber zum Teil mit paarweise angeordneten Rudern, die zugleich von einer Ruderbank aus bedient wurden. Auch der Rammsporn, manchmal mit Flaggstock, ist noch immer vorhanden, befindet sich jetzt aber zumeist über der Wasserlinie, ist also mehr Schmuck als Waffe. Neu dagegen sind Stevenruder und Vorder- und Achterkastelle, die allerdings nicht sehr umfangreich sind, und auch mehrere Masten mit Lateinersegeln. Ausleger für die Riemen waren dagegen schon im Altertum bekannt. Man traute den leichten Galeeren offensichtlich auch genau so viel Seetüchtigkeit zu wie den Segelschiffen, denn Chronisten berichten von zwei Brüdern, die von Genua aus schon 1291 mit zwei Galeeren den Seeweg nach Indien finden wollten. Sie machten sich in südlicher Richtung auf den Weg, wollten um Afrika herum fahren, sind jedoch mitsamt ihren Schiffen verschollen.
Im 16. Jahrhundert ging man dazu über, an jedes Ruder mehrere Ruderer zu setzen. Die Ruder wurden nicht mehr paarig angeordnet, sondern alle in einer Reihe mit gleichmäßigen Abständen. Bis zu sechs Sklaven saßen auf einer Ruderbank. Aus

Aus Valturios »De re militari« stammt diese Darstellung eines venezianischen Kriegsschiffes (vor 1462). Das Schiff ist eine der damals gebräuchlichen Galeeren und stark befestigt. Obwohl die Illustration wohl kein wirklichkeitsgetreues Bild gibt, zeigt sie uns deutlich die wesentlichen Merkmale der mediterranen Kriegsgaleeren.

Die Seeschlacht von Lepanto war das letzte große Seegefecht, das überwiegend mit Galeeren und Galeassen ausgetragen wurde, Segelschiffe spielten hier kaum eine Rolle.

der traditionellen Galeere wurde die Galeasse entwickelt, schwerer und größer als ihre Vorgängerin und besser als diese in der Lage, Geschütze zu tragen, denn Kriegsschiffe wurden jetzt allgemein mit Feuerwaffen ausgerüstet. Die Galeasse hat zwei bis drei Masten mit Lateinertakelung, ihre Proportionen ähneln mehr denen eines Segelschiffes als denen einer Galeere, der Rammsporn ist in den Bugspriet übergegangen, große Achterkastelle und nur angedeutete Vorderkastelle sind ebenfalls kennzeichnend.

Die Schlacht von Lepanto (am Golf von Korinth, Griechenland), die 1571 zwischen Türken und Christen (unter Juan d'Austria mit einer päpstlich-venezianisch-spanischen Flotte) stattfand, ist die letzte große Seeschlacht, die überwiegend mit Galeeren und Galeassen ausgetragen wurde. Die türkische Flotte wurde vernichtend geschlagen und Spanien gewann die Vorherrschaft im Mittelmeer. Die Seeschlacht von Lepanto war nicht nur die letzte Galeerenschlacht, sondern aller Wahrscheinlichkeit nach auch die größte. Die Gesamtzahl aller teil-

nehmender Schiffe ist uns nicht bekannt, wir wissen nur, daß den Christen 208 Schiffe zur Verfügung standen, und es ist anzunehmen, daß es auf türkischer Seite nicht weniger waren. Zeitgenossen berichten von einer ungeheuren Anzahl von Schiffen. Diese Schlacht hat vielen Malern als Thema gedient. Eines dieser Gemälde befindet sich heute im National Maritime Museum in Greenwich (England). Es zeigt nicht nur anschaulich das unübersichtliche Durcheinander der kämpfenden Galeeren (zu dieser Zeit hatte man bei Seeschlachten noch keine Schlachtordnung), sondern läßt auch viele Einzelheiten an Schiffen und Ausrüstung erkennen. Nur wenige Schiffe fahren unter Segeln, obwohl alle damit ausgerüstet sind, offensichtlich waren während des Kampfes die Ruder vorteilhafter. Mit der Schlacht von Lepanto war die große Zeit der geruderten Schiffe vorbei. Sie konnten nicht dieselbe Anzahl schwerer Geschütze tragen wie die Galeonen und waren nur im Nahkampf vorteilhafter als diese. Trotzdem konnten sie sich noch einige Zeit im Mittelmeer halten, in Frankreich entwickelte und baute man sogar einen neuen Typ, die Réale. Die Réale war sicherlich das größte aller geruderten Schiffe, eine Art riesiger Galeasse, und wurde von bis zu 450 Ruderern vorangetrieben. Trotzdem konnte sie sich gegen die aufkommenden Großsegler nicht durchsetzen, die Zeit der Galeeren war vorbei. In Frankreich wurde 1720 die letzte Réale gebaut. Nur die nordafrikanischen Seeräuber, die das Mittelmeer unsicher machten, hielten danach noch an der Galeere fest, denn für ihre Zwecke war sie den Segelschiffen überlegen.

Die Galeone

Im 16. Jahrhundert bildet sich allmählich ein einheitlicher Typ eines großen Schiffes heraus, die Galeone. Sie war sicherlich das bedeutendste Schiff dieses Zeitraumes. Ob ihre Ursprünge nun in den Karracken zu suchen sind, wie einige Forscher glauben, oder ob sie aus den Galeassen entstanden ist, ist bis heute nicht geklärt. Sie muß ja auch nicht notwendigerweise nur aus einem Schiffstyp entstanden sein, vielleicht haben mehrere Schiffstypen bei ihrer Entstehung Pate gestanden. Wie die Galeonen ausgesehen haben, wissen wir ziemlich genau. So sind uns zum Beispiel einige englische Konstruktionszeichnungen erhalten geblieben, die dem Schiffsbaumeister Matthew Baker zugeschrieben werden. Nach diesen Unterlagen waren Galeonen mit mindestens drei, höchstens vier Masten ausgerüstet, zum Teil ziemlich plump, mit großem hohem Achter- und kleinerem Vorderkastell. Bakers Galeonen erinnern in der Tat an Galeassen, sie waren lang und flach, aber viele andere Schiffe dieses Typs, vor allem die schwerbewaffneten Kriegsschiffe, waren schwer und mit großem Tiefgang. Baker bevorzugte auch ein einfacheres Rigg, verzichtete am Besanmast auf Mars- und Bramsegel, die auf anderen Darstellungen vielfach zu sehen sind. Die Prachtschiffe wie etwa die »Henry Grace à Dieu« waren natürlich bis zur letzten Mastspitze mit Segeln ausgerüstet, doch nimmt man an, daß die unhandlichen Lateinertoppsegel nur zum Paradieren gedacht waren und nötigenfalls entfernt werden konnten. Typisch für die Galeonen ist auch ein weit über die Bordwand hinausragender Bugspriet, der an den Rammsporn der antiken Galeeren erinnert, aber natürlich über der Wasserlinie liegt und ganz anderen Zwecken dient. Die Außenwände der Kastelle waren fast immer durch Bemalungen und Schnitzereien reich geschmückt. Das läßt sich sehr schön an dem Modell einer flämischen Galeone erkennen, das sich heute im Museo Naval in Madrid befindet. Es kam als Geschenk flämischer Untertanen an Philip II. nach Spanien. Leider ist es im Lauf der Zeit beschädigt und ausgebessert worden, doch sind noch viele ursprünglich vorhandene Einzelheiten zu erkennen. Auch an diesem Schiff sind die Decksaufbauten reich geschmückt mit bunter Bemalung und vergoldetem Schnitzwerk. Enternetze sollten den Übertritt feindlicher Mannschaften verhindern, seien es nun Piraten oder reguläre Truppen. Das Modell ist auf jeder Seite mit 15 Geschützen bestückt, sollte also wohl ein Kriegsschiff darstellen.
Nicht alle Niederländer waren in dieser Zeit so königstreu wie die Flamen, die Philipp II. dieses Schiffsmodell zum Geschenk machten, denn unter seiner Regierung kam es zu einem Aufstand der Holländer gegen die spanische Krone. Philipp ließ daraufhin Lissabon, das damals zu Spanien gehörte, für alle niederländischen Händler sperren und zwang sie so, selbst nach Indien zu segeln, wenn sie mit von dort stammenden Gütern Handel treiben wollten. Der Handel mit den in der Folgezeit gegründeten asiatischen Kolonien (Java, Celebes und Borneo im malaiischen Archipel) legte den Grundstein zur Macht und zum Reichtum der Niederlande. Letztlich hatte Philipp seine Absicht, die Aufrührer durch diese Maßnahme in die Knie zu zwingen, keinesfalls verwirklichen können. Auch die Schiffe der niederländischen Ostindienfahrer waren teilweise Galeonen. Berühmt geworden sind aus der Mitte des

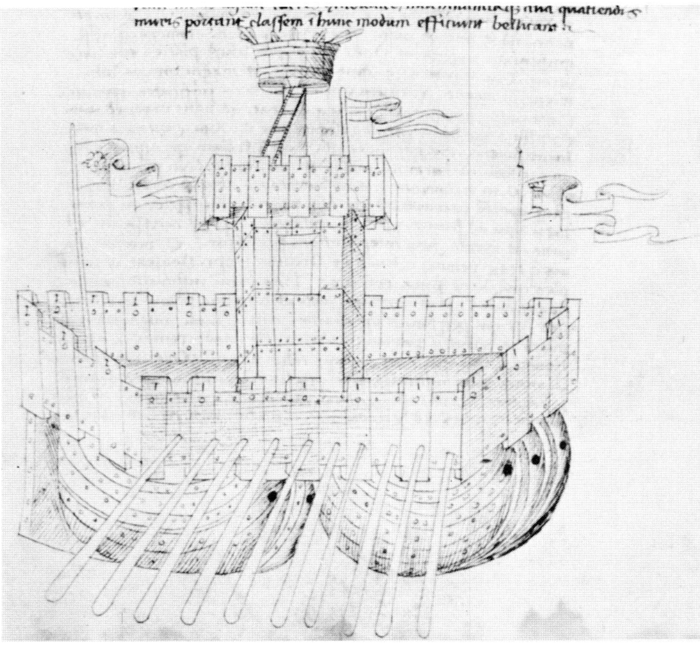

Aus Roberto Valturios »De re militari« (vor 1462) stammt diese Konstruktionszeichnung eines geruderten Schiffes.

16. Jahrhunderts die Schiffsdarstellungen Pieter Breughels des Älteren, die ohne Ausnahme typische Galeonen zeigen und uns ein sehr lebendiges Bild dieses Schiffstyps vermitteln.
Im 16. Jahrhundert war die Takelung aller größeren Schiffe ziemlich einheitlich. Zumeist mit drei Masten ausgestattet, trugen die Vollschiffe an den beiden vorderen Masten je drei Rahsegel, am Kreuzmast ein Lateiner- oder später ein Gaffelsegel, manchmal hier auch noch zusätzlich ein Mars-Rahsegel. Auch unten am Bugspriet war anfänglich noch ein Rahsegel angebracht, doch setzte sich an dieser Stelle die Stagfock, bei der man auf eine Rah verzichten konnte, denn sie war an einem Tau zwischen Bugspriet und Vormast angeschlagen, schnell durch. Schiffe mit Vollrigg sind schnelle, gut manövrierbare Segler, und wohl deshalb wurde diese Takelung auf allen möglichen Schiffen angebracht, sie benötigten aber immer eine große, gut eingespielte Mannschaft zu ihrer Handhabung. An Seeleuten scheint also kein Mangel geherrscht zu haben.
Sowohl die Flotte des elisabethanischen Englands als auch die als unbezwingbar geltende spanische Armada (wörtlich: bewaffnete Macht) bestanden hauptsächlich aus Galeonen. Seit der Schlacht von Lepanto war die Vorherrschaft Spaniens im Mittelmeer unumstritten, vor allem nachdem es, nach dem Aussterben des portugiesischen Königshauses im Jahre 1580, auch noch seine Erbansprüche auf Portugal hatte durchsetzen können. 1588 wollte Philipp II. – Anlaß war die Enthauptung der katholischen Maria Stuart – auch England seine Macht fühlen lassen, das obendrein die aufständischen Holländer unterstützte. Die entscheidende Schlacht findet im Kanal statt. Unter Führung des Herzogs von Medina-Sidonia sind etwa 130 große und 30 kleinere Schiffe, unter denen sich auch noch einzelne Galeeren befinden, mit rund 30.000 Mann Besatzung aufgeboten. Die Engländer mit Francis Drake sind wesentlich schwächer, sie können nur ungefähr die Hälfte an Schiffen vorweisen, weswegen sie zunächst auf einen offenen Angriff verzichten, während die spanische Flotte die von Holländern und Engländern gesperrten Häfen von Nieuport und Dünkirchen befreien will, um dort das durch den Herzog vom Parma gesammelte Landheer aufzunehmen und nach England zu bringen. Die schon bei der Anfahrt durch einen Sturm erheblich betroffene Armada wird dann, am 7. August auf der Höhe von Dünkirchen, durch Windstille behindert und gerät dadurch in Verwirrung, daß durch acht Brander der Engländer einige ihrer Schiffe ein Raub der Flammen werden. Der im

Seekrieg unerfahrene Herzog von Medina-Sidonia beschließt den Rückzug – und bei den Orkney-Inseln erwischt ein furchtbarer Orkan die angeblich unbezwingbare Armada, vernichtet viele Schiffe und zerstreut den Rest in alle Winde. Der Aufstieg Englands als Kolonial- und Seemacht beginnt hier ebenso wie der Niedergang Spaniens.
Francis Drake, einer der Anführer der englischen Flotte, war ohne Zweifel eine schillernde Persönlichkeit. Er war nicht nur Flottenkommandant und stand, wie behauptet wird, zeitweise in sehr persönlichen Beziehungen zur englischen Königin Elisabeth I., sondern war auch Kaperfahrer im Auftrag der Krone und hatte es besonders auf spanische Schiffe abgesehen. Die Feindschaft zwischen England und Spanien bestand ja schon seit den Tagen Heinrichs VIII., der sich von seiner ersten Frau Katharina von Aragon, einer spanischen Prinzessin, gegen ihren Willen scheiden ließ und mit der katholischen Kirche brach. Nach einer erfolgreichen Kaperfahrt wurde Francis Drake von der englischen Königin geadelt, was auch nicht gerade zu einer Entspannung des Verhältnisses zwischen den beiden Nationen beitrug. 1577 unternahm er eine Fahrt auf Magellans Spuren, die er 1580 beendete. Auch den Tod fand er nicht zu Hause, sondern 1595 auf einer Reise nach Panama, während der er am Fieber starb.
Viele Neuheiten im Bezug auf den Schiffbau gab es im 17. Jahrhundert nicht. Da wir aber aus dieser Zeit viel mehr Dokumente haben als aus früheren Epochen, sind uns wesentlich mehr Details bekannt geworden. Außerdem steht uns heute ein bemerkenswert gut erhaltener Fund aus dem 17. Jahrhundert zur Verfügung. Es ist die 1961 gehobene »Wasa«. Sie kenterte und versank 1628 unmittelbar nach ihrem Stapellauf. Über dreihundert Jahre lag sie nahezu unbeschädigt im Schlamm, bis sie 1956 wiederentdeckt und mit großem Aufwand gehoben und restauriert wurde. Heute, nach der Instandsetzung, befindet sich die »Wasa« im Museum in Stockholm, wo sie auch zu besichtigen ist. Die »Wasa«, als großes Kriegsschiff geplant und gebaut, weist keine Mängel auf, die ihr schnelles Ende erklären könnten. Sie ist gut und solide gebaut, und die Konstruktion entspricht der der anderen großen Kriegsgaleonen dieser Zeit. Wir können also ruhig annehmen, daß sie nur auf Grund besonders unglücklicher Umstände kenterte und sank, etwa wegen einer überraschenden Windbö während des Setzens der Segel, verbunden mit dem Fehlen jeglicher Ladung, wodurch sie nicht genügend Tiefgang hatte. Sie ist 42 m lang und ca. 10 m breit, also eine Galeone von imposanter Größe. Möglicherweise sollte die »Wasa« das Flaggschiff Gustaf Adolfs von Schweden werden. Die Größe und prächtige Ausstattung sprechen dafür. Sie wurde von einem holländischen Schiffbaumeister (diese galten damals als die besten in Europa) und holländischen Zimmerleuten in Schweden gebaut. Damals herrschte in Mitteleuropa der Dreißigjährige

Dieses Modell einer Galeone entstand Ende des 18. Jahrhunderts. Dieser Schiffstyp bildete sich im 16. Jahrhundert heraus. Typisch ist das große Achterkastell und die schwere, beinahe plump wirkende Form des Schiffsrumpfes.

Der Entwurf für einen Wandteppich zeigt die Schlacht zwischen der englischen Flotte und der spanischen Armada 1588. Die angeblich unbezwingbare Armada erlitt eine vernichtende Niederlage, England wurde zur führenden Seemacht.

Krieg, an dem auch Schweden beteiligt war, man kann also annehmen, daß die »Wasa« dazu bestimmt war, an den Kämpfen teilzunehmen. Ein großer, geschnitzter Löwe ist die Galionsfigur der »Wasa«, und an der Schiffsaußenseite befinden sich die geschnitzten Masken brüllender Löwen. Vielleicht erinnerte man sich in Schweden noch immer an die Drachenköpfe der Wikingerzeit, die den Feind erschrecken sollten, und hatte deshalb den fürchterlichen Löwenschmuck gewählt. Über dem Schild befindet sich das Bildnis Gustaf Adolfs, das Wappen selbst zeigt die Garbe oder »vase« (schwedisch), das Familienwappen der Wasas, also der regierenden Dynastie.

Dieses Modell einer spanischen Galeone aus dem 16. Jahrhundert wurde im 19. Jahrhundert angefertigt.

Die Wiederherstellung des Schiffes bereitete beträchtliche Schwierigkeiten, da sie zum großem Teil in Klimakammern erfolgen mußte, um den Zerfall des Schiffes an der Luft zu verhindern. Alle Holzteile mußten mit einer konservierenden Speziallösung getränkt werden, um sie in dem Zustand zu erhalten, in dem man sie im Schlamm vorgefunden hatte. War auch die Fahrt der »Wasa« nur kurz – heute ist sie für uns das beste Zeugnis der Schiffbaukunst des 17. Jahrhunderts, authentischer als alle Modelle, Bilder und Schiffbauhandbücher. Deshalb wird es sich für den interessierten Skandinavienreisenden immer lohnen, die »Wasa« in Stockholm zu besichtigen, denn alle Zeichnungen und Photos können den Gesamteindruck dieses Schiffes nur unvollkommen wiedergeben.

Frankreich war zu Beginn des 17. Jahrhunderts alles andere als eine Seemacht. Zwar war Jacques Cartier um die Mitte des vorhergegangenen Jahrhunderts nach Nordamerika gesegelt und hatte Neufundland, Labrador und den St. Lorenzstrom erkundet, aber diese nordamerikanischen Gebiete erwiesen sich als nicht so ergiebig für den Tauschhandel wie etwa Südamerika oder der malaiische Archipel und Indien. Die Folge davon war, daß die Handelsflotte Frankreichs weder groß noch modern war, und mit der Kriegsflotte war es noch

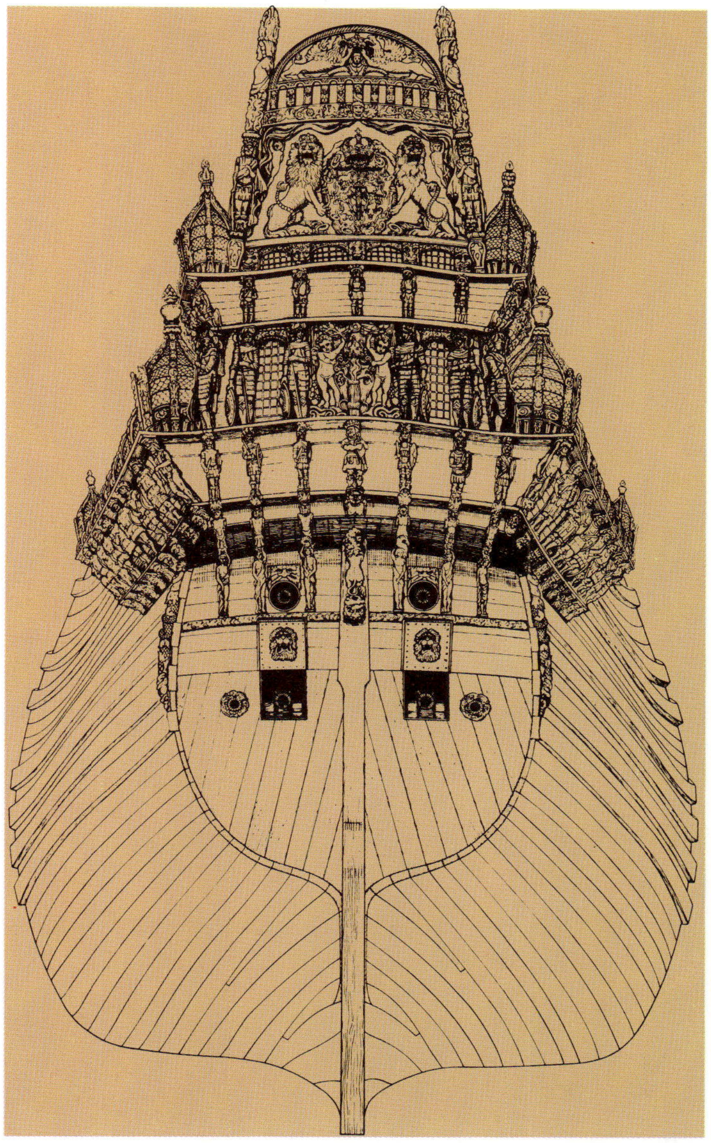

Oben links: Die »Wasa« im Sommer 1961 im Trockendock in Stockholm. Unten links: Einer der Löwen aus dem Reichswappen am Hinterspiegel der »Wasa«. Oben: Rekonstruktion des Hinterspiegels der »Wasa«. Die »Wasa« sank 1628 unmittelbar nach ihrem Stapellauf und wurde erst 1956 wiederentdeckt und gehoben. Das vollständig restaurierte Schiff gibt uns einen guten Eindruck von den Kriegsschiffen dieser Zeit.

schlechter bestellt. Frankreich war das Land Europas, das am längsten an den Kriegsgaleeren festhielt, obwohl sich nach Lepanto die Überlegenheit der schweren Schiffe klar herausgestellt hatte. Noch 1720 wurde die letzte französische Réale, also eine Galeasse, gebaut. Richelieu, Kardinal und Minister unter Ludwig XIII., hatte indessen schon bei seinem Amtsantritt 1624 klar erkannt, daß diese dürftige Flotte gegen die fortschrittlichen englischen und holländischen Schiffe nicht bestehen konnte, und bemühte sich, diesen Mangel so schnell wie möglich zu beseitigen. Da aber das französische Schiffbauerhandwerk ebenfalls darniederlag, ließ er in Holland fünf Schiffe anfertigen, die einerseits die französische Flotte verstärken und andererseits Vorbild für weitere, in Frankreich zu bauende Schiffe sein sollten. Eines dieser Schiffe wurde bei der Ablieferung von einem holländischen Kupferstecher im Bild festgehalten. Dieser Kupferstich, der sehr viele Details enthält, ist erhalten geblieben. Er zeigt eine große, dreimastige Galeone mit mehrgeschossigem Achterkastell, zwei Geschützdecks und bunten Bemalungen an den Bordwänden. Fock- und Großmast sind rahgetakelt mit Mars- und Bramsegel, der Besan hat ein Lateinersegel und ebenfalls ein Rah-Marssegel. Auch ein Sprietsegel ist vorhanden, und sogar der Flaggstock am Bugspriet ist zu einem Mast umgewandelt und mit einem kleinen Rahsegel ausgerüstet worden, der sogenannten Oberblinde. Galionsfigur ist eine Taube, die einen Ritter auf dem Rücken trägt. Die holländischen Schiffe, die Richelieu geordert hatte, entsprechen dem Schiffsbaustand der damaligen Zeit, und so waren seine Bemühungen, die französische Flotte zu modernisieren, wohl einigermaßen erfolgreich, eine ausgesprochene Seefahrernation wie etwa England wurde Frankreich aber nie.

In England war zu Beginn des 17. Jahrhunderts der Schiffbaumeister Phineas Pett tätig. Zwei seiner bekanntesten Schiffe sind die »Prince Royal« und die »Sovereign of the Seas«, das Flaggschiff Karl I. Pett gilt auch heute noch als einer der besten Schiffbauer aller Zeiten. Er stammte aus einer Familie, in der das Schiffbauerhandwerk Tradition hatte, und hatte sich durch Reisen zu den Zentren des europäischen Schiffbaus umfassend ausgebildet. Die »Prince Royal« wurde 1610 von ihm erbaut. Sie soll das erste Schiff mit drei Geschützen gewesen sein. Wie alle großen Kriegsschiffe dieser Periode war auch die »Prince Royal« reich mit Bemalungen und Schnitzereien geschmückt. Das berühmteste und prächtigste Schiff von Phineas Pett aber war die »Sovereign of the Seas«. Sie wurde im

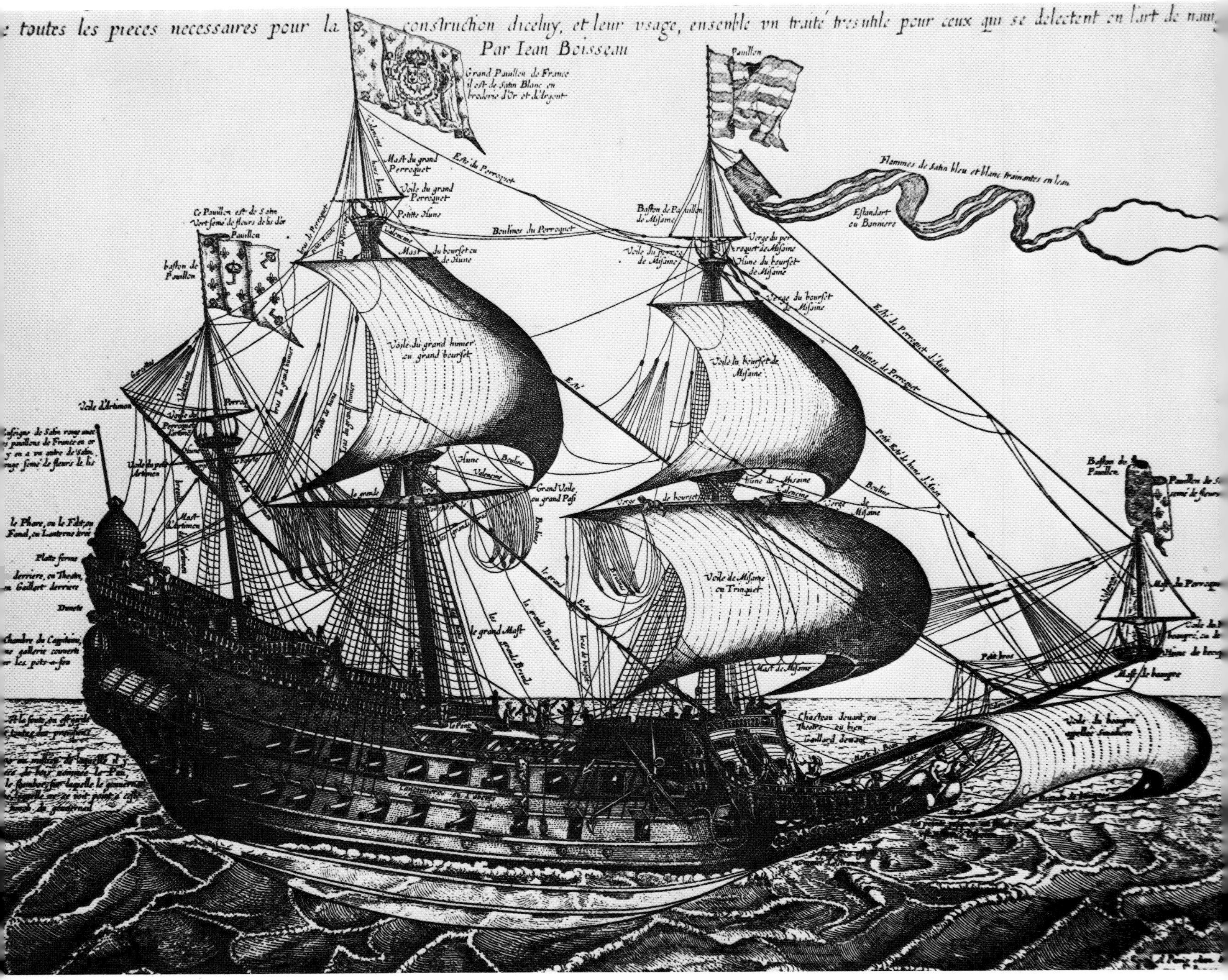

Oben: Ein französisches Kriegsschiff aus dem Jahre 1657 zeigt diese zeitgenössische Darstellung von Jean Boisseau. Gegenüberliegende Seite: Aus einem Navigationsatlas der königlichen französischen Flotte des Jahres 1693 stammt dieser Stich, auf dem eine Fleute zu sehen ist. Die Fleute war das gebräuchlichste Schiff des 17. Jahrhunderts.

Auftrag Karl I. von England zwischen 1634 und 1637 erbaut. Ausgeprochene Prunkschiffe hatten ja in England Tradition, wie die »Henry Grace à Dieu« zeigt, und auch die »Sovereign of the Seas« war ein solches. Sie sollte nach dem Willen des Königs das größte Schiff der Welt werden, und sie wurde zumindest das größte bekannte Schiff dieser Zeit. Sie hatte 39 m Kiellänge, 14,5 m Breite und 7,1 m Tiefgang. In England aber regte sich der Widerstand gegen dieses Schiff, dessen Bau mit ungeheuren Kosten verbunden war, und das Volk, das wegen der hohen Steuern sowieso schon ärgerlich war, wurde dadurch noch zusätzlich aufgebracht. Schließlich soll es über 60 000 Pfund gekostet haben, eine für die damalige Zeit unglaubliche Summe, das Zehnfache dessen, was man für ein normales Kriegsschiff aufwenden mußte. Die »Sovereign of the Seas« bewährte sich in vielen Seegefechten, obwohl sie wegen ihrer Größe ziemlich schwerfällig gewesen sein muß und wegen ihres großen Tiefgangs nicht in flachen Gewässern eingesetzt werden konnte. Sie mußte nie eine Niederlage hinnehmen. Die »Sovereign of the Seas« war ein Dreimaster mit zusätzlicher Bugsprietstenge. Ihre Hauptmasten hatten nicht nur Haupt-, Mars- und Bramsegel, sondern darüber auch noch ein Royalsegel und jeweils drei Mastkörbe. Der Besan hatte Mars- und Bramsegel. Die Bordwände waren über und über mit vergoldetem Schnitzwerk geschmückt, was ihr bei den Holländern den Beinamen »Goldener Teufel« einbrachte. Sie starrte vor Waffen: Platz für einhundert Kanonen war vorgesehen. Phineas Pett hatte seinen Auftrag sorgfältig ausgeführt, die »Sovereign of the Seas« war das prächtigste Schiff ihrer Zeit. Karl I. konnte sich nicht lange an ihr erfreuen, er wurde wegen seiner despotischen Regierungsweise und seiner Verschwendungssucht 1649 hingerichtet. Die »Sovereign of the Seas« durchpflügte noch fünfzig Jahre die Meere, bis sie schließlich im Jahre 1696 einem Brand zum Opfer fiel. Natürlich kann man sie nicht als richtige Galeone ansehen, wie ja alle Kriegsschiffe den ursprünglichen Typ abwandelten und den anders gearteten Erfordernissen anpaßten, aber die Grundzüge sind durchaus vorhanden. Sie war ohne Zweifel, was Größe und Bewaffnung anbelangt, ihrer Zeit weit voraus, und auch schiffbautechnisch war sie in der Mitte des 17. Jahrhunderts unerreicht.

Holland im 17. Jahrhundert

Fleute und Pinasse

Im 17. Jahrhundert waren die Niederlande oder Generalstaaten, wie sie damals hießen, vorwiegend handels- und weniger kriegsorientiert. Sie sind eine ausgesprochene Seefahrernation geworden und beherrschten den Ostseehandel. Anfang des 17. Jahrhunderts wird die Niederländisch-Ostindische Kompanie gegründet, die durch Zusammenfassung von verschiedenen Handelsgesellschaften die Macht in einer Hand konzentriert. Niederlassungen in Ostindien, Westindien, Nord- und Südamerika und Südafrika geben den Holländern auch im Welthandel eine bedeutende Stellung. Erst gegen Ende des Jahrhunderts, als Frankreich unter Ludwig XIV. seine Einflußsphäre auf die Generalstaaten auszudehnen versucht, findet diese Politik ein Ende.
Entsprechend den politischen Verhältnissen waren die niederländischen Schiffe zu Beginn des 17. Jahrhunderts vorwiegend Handelsschiffe, allerdings bewaffnete, denn sie mußten sich im Ernstfall vor den Übergriffen von Piraten oder Kaperfahrern schützen können. Dabei bildeten sich verschiedene Schiffstypen heraus, einige für den europäischen Handelsverkehr und andere für Transporte zu und von den überseeischen Kolonien. Im europäischen Verkehr war das gebräuchliche Schiff die Fleute. Sie war flachbodig und hatte nur geringen Tiefgang, was in den flachen niederländischen Küstengewässern ein entscheidender Vorteil war. Ihre bauchige Form verjüngte sich stark zum Oberdeck hin, sie bot also Platz genug, um auch umfangreiche Ladungen befördern zu können, und man hielt den von den Dänen nach der Decksfläche berechneten Zoll so gering wie möglich. Die typische Fleute ist ein nicht allzu großer Dreimaster, mit Mars-, aber ohne Bramsegel getakelt. Am Bugspriet war sie oft mit Blinde (Sprietsegel) und Oberblinde ausgerüstet. Obwohl eines der häufigsten Schiffe dieses Zeitraumes, ist uns doch keines davon erhalten geblieben, nur Modelle und bildliche Darstellungen geben uns einen Eindruck von ihrem Aussehen. Die Fleute hatte im Gegensatz zu den meisten anderen Schiffen dieser Zeit ein Rundheck, während die Pinasse ein Spiegelheck oder Plattgatt hatte. Sonst waren die Unterschiede nicht sehr groß, nur war die Pinasse etwas kleiner und fand wohl mehr in den küstennahen Gewässern Verwendung. Es ist recht schwierig, die holländischen Schiffstypen gegeneinander abzugrenzen, denn die Übergänge waren zum Teil fließend. Alle waren berühmt dafür, daß sie sich leicht handhaben ließen und von einer kleinen

Diese Nachbildung der »Mayflower« befindet sich in der kanadischen Stadt Montreal im Vergnügungsviertel »La Ronde«. Die »Mayflower« brachte die ersten Siedler in die Neue Welt.

Mannschaft gesegelt werden konnten, denn die Takelung war so einfach wie nur möglich gehalten.

Noch kleiner als die Pinassen waren die niederländischen Yachten. Der Name Yacht faßt dabei kleine Schnellsegler verschiedener Typen zusammen, meint aber immer ein offenes Boot. Die Yachten wurden für Eiltransporte von Personen und Gütern und Späherdienste verwendet. Zumeist waren es Einmaster, nur selten Zweimaster. Alle Arten von Takelung waren möglich, vorherrschend jedoch das Spreizgaffel – und später das einfachen Gaffelsegel zusammen mit einer oder zwei Stagfocks, seltener auch zusätzlich noch ein Marssegel. Die Umdeutung des Begriffes Yacht vom Gebrauchs- zum Sport- und Vergnügungsboot vollzog sich eigentlich erst zum Ende des 19. Jahrhunderts, doch soll der Urvater des Yachtsports schon Karl II. von England gewesen sein, der im 17. Jahrhundert Yachten nach niederländischen Vorbildern bauen ließ, um damit Wettfahrten zu veranstalten.

Modell einer holländischen Pinasse (um 1650), ein Schiff, das vor allem in küstennahen Gewässern verwendet wurde.

Um 1670 vollzog sich eine Wendung in der niederländischen Politik. Zwar war man auch früher schon in der Lage gewesen, Seegefechte zu bestreiten, jetzt aber baute man, um sich vor den Expansionsbestrebungen Ludwigs XIV. zu schützen, vermehrt Kriegsschiffe. Natürlich waren sie nicht so zahlreich wie die der Engländer und Franzosen, außerdem zumeist kleiner und flachgehender, was schon durch die geographische Lage der Niederlande bedingt war. Während man in England auf große schwere Schiffe mit drei Geschützdecks vertraute, bauten die Niederländer vorwiegend solche mit einem, oder, am häufigsten, zwei Decks und mit drei Masten. Diese wurden allerdings, sofern sie nicht durch ihre Wendigkeit den Breitseiten der Feinde weglaufen konnten, sehr leicht beschädigt, denn um Gewicht zu sparen, waren die Bordwände der niederländischen Schiffe bei weitem nicht so dick wie die der englischen Kriegsschiffe, die ja zeitweise »wooden walls« (hölzerne Mauern) genannt wurden und schon einiges an Kanonenkugeln aushalten konnten. Auch die Schiffe der Generalstaaten waren durch Bemalungen und Schnitzwerk verziert, doch wirkten sie sehr einfach gegenüber den prächtig herausgeputzten englischen und französischen Kriegsschiffen. Die Zielsetzung des niederländischen Kriegsschiffbaus war eine ganz andere als die der übrigen Staaten. Sie legten weniger Wert auf ein imponierendes Äußeres und wollten die Schiffe auch nicht als Festungen benützten, vielmehr waren Anpassung an die flachen Küstengewässer, schnelle Einsatzbereitschaft und Geschwindigkeit gefragt, und genau nach diesen Erfordernissen waren die niederländischen Kriegsschiffe gebaut.

Dieses zeitgenössische Modell einer Fleute entstand um 1690. Es befindet sich im Haus der Schiffergesellschaft in Lübeck.

Die Fregatte

Möglicherweise stammt auch die Fregatte aus Holland. Anfang des 17. Jahrhunderts war sie ein kleines, schnelles, einfach gebautes Kriegsschiff mit nur einem Geschützdeck. Aber auch in der englischen Literatur werden schon frühzeitig Fregatten erwähnt, so daß sich die Historiker nicht über ihre Ursprünge im klaren sind. Im Laufe der Zeiten wurde die Fregatte etwas vergrößert, doch ihre Grundzüge als schlankes, schnelles Schiff wurden beibehalten. Sie war bald in allen Kriegsflotten Europas zu finden, nicht als schweres Schlacht-

Diese niederländische Fleute wurde um 1595 in Hoorn erbaut. Gut zu erkennen ist das für die Fleuten typische Rundheck, die anderen Schiffe dieser Zeit hatten in der Regel ein Spiegelheck oder Plattgatt.

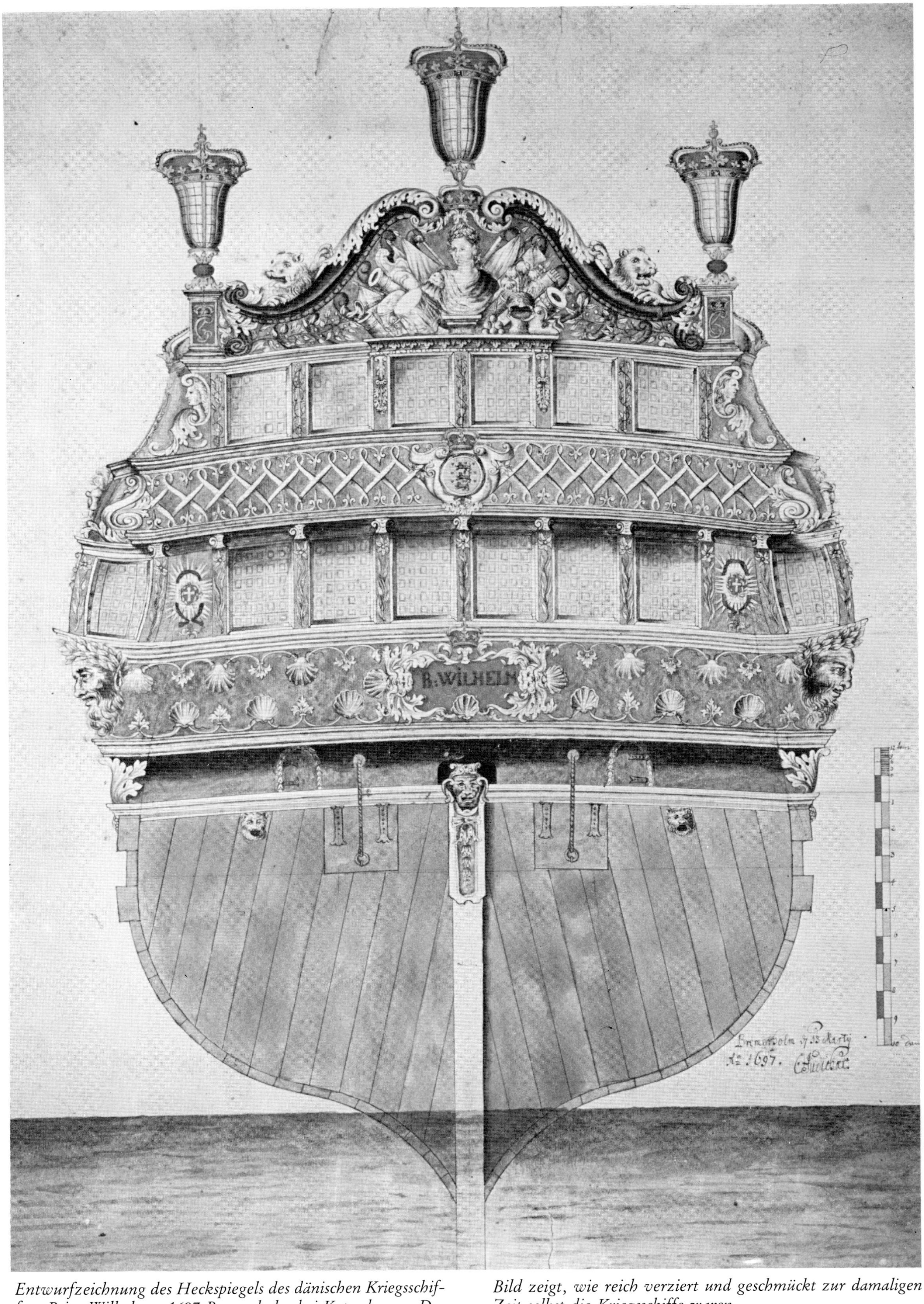

Entwurfzeichnung des Heckspiegels des dänischen Kriegsschiffes »Prins Wilhelm«, 1697 Bremerholm bei Kopenhagen. Das Bild zeigt, wie reich verziert und geschmückt zur damaligen Zeit selbst die Kriegsschiffe waren.

schiff, aber als robustes, schnelles Begleit- und Kaperschiff, das auch schwerem Wetter gewachsen war. Die Fregatte war mit 20 bis 40 Kanonen ausgerüstet und hatte ca. 150 Mann Besatzung, die natürlich nicht alle zu ihrer Handhabung notwendig waren, sondern wobei es sich zum Teil um kämpfende Truppen handelte. Vor allem im 18. Jahrhundert kam der Typ der Fregatte stark auf, weniger in England, vor allem in Frankreich, Spanien und den Niederlanden. Wenn man die Maße der französischen Fregatte »La Flore« mit denen der Kriegsgaleone »Sovereign of the Seas« vergleicht, kann man ganz klar die unterschiedlichen Voraussetzungen erkennen, von denen ihre Baupläne ausgehen: Die Länge ist ungefähr dieselbe, 39 m im Kiel, aber »La Flore« ist nur 10,5 m breit, die »Sovereign of the Seas« dagegen 14,5 m. Auch im Tiefgang zeigen sich gravierende Unterschiede: »La Flore« 5 m, »Sovereign of the Seas« 7 m. Leider haben wir keine Unterlagen über die Gewichte der Schiffe, aber man kann annehmen, daß die »La Flore« etwa halb so schwer war wie die »Sovereign of the Seas«. Natürlich hatte das englische Schiff drei Geschützdecks, das französische nur eines, aber der Unterschied in der Bauweise ist hauptsächlich durch eine unterschiedliche Seekampfkonzeption begründet. Die Engländer bevorzugten ruhige, stabile Plattformen für ihre Geschütze, um die Durchschlagskraft ihrer Kanonen am besten zur Geltung bringen zu können, und nahmen dabei eine gewisse Schwerfälligkeit, die durch Gewicht und Tiefgang der großen Schiffe verursacht wurde, in Kauf. Die Franzosen dagegen bevorzugten schnelle, wendige Schiffe, die im Ernstfall unter Umständen auch in der Lage waren, flink aus der Gefahrenzone zu laufen, und vielseitig eingesetzt werden konnten. Vielleicht ergeben sich diese grundsätzlichen Unterschiede einfach daraus, daß Richelieu durch Nachbau niederländischer Schiffe eine Kriegsflotte aufbaute, und später wollte man nicht von gewohnten Wegen abweichen. Man kann eigentlich nicht sagen, daß die eine oder andere Form besser gewesen sei, es lag einfach ein Unterschied in der Auffassung von den Zwecken eines Kriegsschiffes vor. Auch im 19. Jahrhundert sollten die Fregatten noch einmal eine große Zeit haben, und zwar vor allem in Nordamerika, aber darauf werden wir später noch kommen.

Schoner und Kutter

Auch Schoner und Kutter sind kleinere Schiffe holländischen Ursprungs, wie ja überhaupt die Niederländer auf allen Gebieten der Seefahrt sehr aktiv waren. Es ist nicht mehr genau festzustellen, ob der Schoner ursprünglich ein kleines Handelsschiff oder ein Vergnügungsschiff war, auf jeden Fall ist er sehr gut für Küstengewässer geeignet und kann dank seines geringen Tiefganges auch für Flüsse und Kanäle verwendet werden, ist dabei aber durchaus seetüchtig. Auffällig und unverkennbar ist die Takelung des Schoners: Er hat zwei Masten, der achtere Mast ist höher als der vordere, und einen sehr langen Klüverbaum (Bugspriet), der sich aber bei Bedarf (etwa in einem Sturm) verkürzen läßt. An diesem Klüverbaum werden ein oder zwei Dreieckssegel angeschlagen, die Hauptmasten haben Gaffelsegel. Toppsegel sind selten, kommen aber vor. Sehr üblich war dagegen die Ausrüstung der Segel mit zwei bis drei Reihen von Reffbändseln, und sie war auch nötig, da die Schoner häufig etwas übertaktelt waren. Zum Schiffsrumpf ist nur zu sagen, daß er relativ breit und kurz war, manchmal mit der Andeutung eines Achterkastells, sonst aber weichen die verschiedenen Schiffsdarstellungen und Beschreibungen so sehr voneinander ab, daß es nicht möglich ist, einheitliche Grundzüge aufzuzeigen. Wahrscheinlich ist, daß sich der Begriff »Schoner« vorwiegend auf die Takelung und weniger auf Konstruktionsmerkmale des Schiffsrumpfes bezieht.

Der Kutter war noch etwas kleiner als der Schoner und hatte grundsätzlich nur einen Mast. Sicherlich ist er aus einem der unzähligen niederländischen Yachttypen entstanden. Die Takelung ist der eines Schoners ähnlich, Großmast mit Gaffelsegel und Klüverbaum mit einer oder zwei Focks. Es gibt auch Zeichnungen, die Kutter mit Toppsegeln und Vorsegeln zeigen, doch scheint sich diese Takelung nicht durchgesetzt zu haben.

Linienschiffe

Um die Mitte des 17. Jahrhunderts änderte sich die Art und Weise, wie man Seeschlachten austrug, grundlegend. Bis zu dieser Zeit hatten, wie Schlachtenbilder deutlich erkennen lassen und Geschichtsschreiber berichteten, alle Schiffe ohne Ansehen der Größe und Ausstattung durcheinander gekämpft, und das Ergebnis war oftmals ein riesiges Chaos, in dem derjenige Sieger wurde, der sich den besseren Überblick verschaffen konnte. Der Sieg der Engländer über die spanische Armada ist ein typisches Beispiel hierfür. Aus diesem Grund begann man in England damit, Kriegsschiffe nach Größe und Bewaffnung in Ränge oder englisch »Rates« einzuteilen, so daß gleichartige Schiffe in einer Linie (Linienschiffe!) kämpfen konnten. Diese englische Einteilung wurde sehr schnell von allen seefahrenden Nationen übernommen, denn sie bewährte sich. Schiffe der ersten drei Ränge (über 90, über 80 und über 50 Kanonen) waren Linienschiffe und hatten in fester Schlachtordnung zu kämpfen, die kleineren vom 4. bis zum 6. Rang waren einfache Kriegsschiffe und wurden als Späh- und Begleitschiffe eingesetzt, waren natürlich aber auch bewaffnet und konnten im Bedarfsfall in den Kampf eingreifen. Da im 17. und in der ersten Hälfte des 18. Jahrhunderts fast ständig irgendwelche Seeschlachten stattfanden, hatte man ausreichend Gelegenheit, das neue System zu erproben. Seine Wirksamkeit war zwar am größten, wenn es dem Gegner noch nicht bekannt war, aber auch nachdem es allgemein zur Anwendung kam, hatte es gegenüber dem früher herrschenden Durcheinander viele Vorzüge.

Walfänger und ihre Schiffe

Einen einheitlichen Typ des Walfangschiffes gibt es nicht. Walfänger waren reine Zweckfahrzeuge, die oft nicht einmal speziell für diesen Verwendungszweck konstruiert, sondern durch Umbauten an ihn angepaßt waren. Trotzdem gibt es einige Merkmale, die fast allen Walfangschiffen gemeinsam sind. So waren es durchwegs robuste Schiffe mit großem Laderaum, zwei bis drei Masten, geringer Segelfläche, denn auf Schnelligkeit wurde kein Wert gelegt, Rundheck mit einer darüber angebrachten, reich geschmückten Platte, dem sogenannten Heckspiegel, und auf Deck waren zahlreiche Walfangboote verstaut, damit man sie im Bedarfsfall schnell zu Wasser lassen konnte. Unverzichtbarer Bestandteil war auch der Mastkorb, das sogenannte Krähennest, oft nur eine Plattform, auf der gerade ein Mann stehen konnte, um nach Walen Ausschau zu halten. Die Niederländer fuhren schon im 17. Jahrhundert in die Gewässer um Grönland zum Walfang, und sie bevorzugten zu diesem Zweck die Fleute. Die Walfangfleute hatte nicht so stark eingezogene Bordwände wie die Handelsfleute, weil man an Deck viel Platz zum Verstauen der Boote und zum Zerlegen des Fangs benötigte. Die dänischen Zollverschriften, die die ursprüngliche eigenartige Form der

Oben: 1756 entstand dieses Portrait des englischen Hundert-Kanonen-Schiffes »Royal George« mit seinem für die damaligen Kriegsschiffe kennzeichnenden Spiegelheck. Links: Die Galionsfigur des Linienschiffes »Ärans« wurde von Johan Törnström geschnitzt. Die »Ärans« war ein 60-Kanonen-Schiff und wurde 1784 gebaut. Der Begriff »Linienschiff« entstand im 17. Jahrhundert, als man begann, Kriegsschiffe nach Größe und Bewaffnung in Gruppen einzuteilen und gleichartige Schiffe in einer Linie – daher der Name – kämpfen zu lassen. Diese ursprünglich englische Einteilung setzte sich sehr schnell in allen seefahrenden Nationen durch.

Fleute hervorgebracht hatten, waren bei dieser Gelegenheit nicht wichtig. Auch im 18. Jahrhundert gingen die Holländer noch auf Walfang. Jetzt aber hatte sich das Zentrum des Walfanges an die nordamerikanische Ostküste verlagert, und von dort aus gingen Schiffe sowohl in der Arktis als auch in der Antarktis und in der Südsee auf die Jagd. Eine anschauliche Beschreibung eines Walfangschiffes, wenn auch nicht gerade vom schiffbautechnischen Standpunkt aus gesehen, finden wir in Herman Melvilles »Moby Dick«. »Sie (die »Pequod«, Anm. des Verf.) war ein Schiff der alten Schule, eher klein zu nennen, und hatte etwas Altmodisches, Barockes an sich. Seit langem gebräunt und verwittert in den Stürmen und Kalmen aller vier Weltmeere, glichen die Züge ihres alten Rumpfes denen eines französischen Grenadiers, der in Ägypten und in Sibirien gefochten hat. Ihr ehrwürdiger alter Bug war bärtig umsponnen. Ihre Masten – irgendwo an der japanischen Küste gefällt, wo die ursprünglichen in einem Sturm über Bord gegangen waren – standen steif aufrecht wie die Heiligen Drei

Oben: Ein holländischer Walfänger. Das Gemälde von J.C. Rietschoof zeigt eine Fleute, die zum Walfangschiff umgerüstet wurde. Unten: Auch bei diesem Schiff handelt es sich um einen Walfänger. Das zeitgenössische Aquarell entstand gegen Ende des 18. Jahrhunderts und befindet sich heute im Friesenmuseum in Wyk auf Föhr.

Eine als Walfangschiff ausgerüstete Galiote. Über dem Achterschiff war ein Kranbalken zum Aufhängen der Schaluppen.

Könige in Köln. Ihre uralten Decks waren abgewetzt und zerfurcht wie der von Pilgern verehrte Stein in der Kathedrale von Canterbury, wo Becket verblutete. Aber zu all diesen Altertümern kamen neue und seltsame Merkmale, die an das wilde Gewerbe erinnerten, dem sie seit mehr als einem Jahrhundert nachgegangen war ... Ringsum war ihre offene Reling wie ein fortlaufendes Gebiß mit den langen, scharfen Zähnen des Pottwals geschmückt, die dort an der Stelle von Belegnägeln angebracht waren, um ihre alten hanfenen Sehnen und Flechsen zu beschlagen. Diese Sehnen liefen aber nicht durch Blökke aus Holz vom Lande, sondern über Scheiben aus See-Elfenbein. An ihrem ehrwürdigen Ruder verschmähte sie ein Steuerrad und hatte statt dessen eine Pinne, und diese war in einem Stück aus dem lagen schmalen Unterkiefer ihres Erbfeindes geschmückt.« Man sieht, die Walfänger betrieben nicht nur ein abenteuerliches Gewerbe, sondern hatten auch abenteuerliche Schiffe. Die Mannschaften erhielten meistens keine feste Heuer, sondern einen Anteil am Ertrag des Fanges, die sogenannte »Lay«, deren Höhe sich nach der Stellung des einzelnen innerhalb der Mannschaft richtete, denn der Kapitän erhielt selbstverständlich mehr als der Schiffsjunge. Eine Fahrt konnte ein Jahr, aber auch drei oder vier Jahre dauern. Man kehrte erst zurück, wenn alle Fässer voll mit Tran waren, und das Leben an Bord eines Walfängers war hart. Nicht genug mit den normalen Unbequemlichkeiten der Seefahrt, nein, man schwebte auch mehr oder weniger ständig in Lebensgefahr, und auch das Trankochen nach dem Fang war eine unangenehme und schmutzige Arbeit, die von Rauch und Gestank begleitet war, der auch die Segel schwarz färbte, ein gewohnter Anblick auf einem Walfangschiffe. Natürlich mußte die Bezahlung unter diesen Umständen gut sein – und das war sie auch, denn die Walfangschiffe brachten hohe Erträge – aber trotzdem war die Desertion unter den Mannschaften, die sich ja immer für eine ganze Fahrt verpflichten mußten, an der Tagesordung, und ein zeitgenössischer Chronist berichtete, daß auf amerikanischen Walfängern nur etwa die Hälfte der Mannschaften wieder mit dem Schiff zurückkehrten, mit dem sie ausgefahren waren, der Rest hatte sich davongemacht und auf einem anderen Schiff angeheuert oder hatte sich für kurze Zeit irgendwo niedergelassen.

Die Art, wie man die Wale fing, war sehr gefährlich, denn man mußte sich zu diesem Zweck in ein kleines Ruderboot begeben und dem Wal sozusagen Auge in Auge gegenüberstehen. Vom Ruderboot aus wurde der Wal harpuniert, was ihn aber nicht tötete, sondern nur (im besten Falle) daran hinderte, wegzuschwimmen. Dann versuchte man den wütenden und verängstigten Wal durch allerlei Manöver zu ermüden – dabei mußte man immer außerhalb der Reichweite seiner gewaltigen Schwanzflosse bleiben –, bevor man ihn schließlich zum Mutterschiff schleppen konnte, wo er getötet und an Bord gehievt wurde. Danach zerlegte man ihn, nur die Speckschicht wurde verwendet und gleich zu Öl gekocht. Fleisch und Gerippe des Wales wurden ungenützt wieder ins Meer zurück geworfen, wo sie von Raubfischen aufgefressen wurden. Den Wal zu harpunieren, war aber nicht ungefährlich, nicht nur für die Jäger im kleinen Ruderboot, sondern auch für das Mutterschiff, das manchmal von den wütenden Tieren angegriffen und beschädigt wurde. Auch das eingangs geschilderte Walfangschiff »Pequod« aus Melvilles »Moby Dick« erleidet dieses Schicksal, es wird durch einen wütenden Wal versenkt. Am Schluß sind sowohl der Kapitän Ahab als auch der Wal tot, und nur ein Mitglied der Besatzung entkommt dem Untergang. Melville konnte den Walfang deshalb so anschaulich beschreiben, weil er selbst in jungen Jahren auf einem Walfänger mehrere Reisen in die Südsee mitgemacht hatte. Man kann also annehmen, daß seine Schilderungen ziemlich authentisch sind. Zur Erzählung vom weißen Wal wurde er aber auch durch Zeitungsberichte angeregt, die einen großen, alten Wal meldeten, der Schiffe angreife und sich nicht fangen lasse.

Piraten – Korsaren – Freibeuter

Georges Blond, der Verfasser eines Berichtes über die Seeräuber in Westindien, definiert die unterschiedlichen Begriffe wie folgt: »Ein Pirat ist also ein Verbannter (frz. forban, von fors und ban: außerhalb des Gerichtsbezirks, außerhalb des Gesetzes) des Meeres ... Als Piraten wurden diejenigen bezeichnet, die, ohne von irgendeiner Regierung ermächtigt worden zu sein, auf dem Meer dem Raub nachgehen. Der Korsar hingegen war kein Gesetzloser. Er erhielt von seinem Souverän einen Kaperbrief, der ihn ermächtigte, die feindlichen Handelsschiffe aufzubringen. Die Korsaren gehörten zur königlichen Marine, so Jean Bart, Dugay-Trouin und Forbin. Daraus ergibt sich, daß der Begriff »Freibeuter« geographisch bedingt ist. Er ist für die Seeräuber vorbehalten, die in der Karibischen See und Mexiko operierten. Je nachdem, ob sie Kaperbriefe besaßen, waren sie bald Korsaren, bald Piraten.« Soweit Blond, der mit dieser Erklärung den allgemein üblichen Gebrauch dieser Bezeichnungen wiedergibt.

Das Leben der Seeräuber, deren Gewerbe sicherlich ebenso alt ist wie die Seefahrt selbst, war bei weitem nicht so romantisch wie es aus der Ferne aussieht. Zeitweise war die Seeräuberei weit verbreitet und wurde von den Regierenden der meisten seefahrenden Nationen dadurch unterstützt, daß den Schiffseignern oder Kapitänen sogenannte Kaperbriefe ausgestellt wurden, die es ihnen erlaubten, unter feindlicher Flagge segelnde Schiffe (wohlgemerkt Handelsfahrer, keine Kriegsschiffe) aufzubringen und zu plündern. Die Kaperbriefe garantierten Straffreiheit im eigenen Land – die Korsarenschiffe

Die beiden Seeräuberschiffe »Royal Fortune« und »Ranger« am 11. Januar 1722 in Whyds Road. Kupferstich aus Johnsons »General History of the Pirates«, einem 1722 in London erschienenen Buch.

mußten dafür einen vorher festgesetzten Teil der Beute bei den jeweiligen Landesfürsten abliefern. Sie konnten selbstverständlich keine Straffreiheit für den Fall gewähren, daß ein Kaperfahrer in die Hände feindlicher Mächte fiel – das war ein Risiko, das die Korsaren selbst zu tragen hatten. Auch Francis Drake, der berühmte englische Seeheld, machte, mit einem Kaperbrief der Königin Elisabeth I. ausgestattet, Jagd auf die reich beladenen spanischen Schiffe, die aus den überseeischen Kolonien zurückkehrten. Es ist wohl jedermann einsichtig, daß sich das Verhältnis der beiden Nationen nicht entspannter gestaltete, als er, nach erfolgreicher Kaperfahrt, geadelt wurde.

Die Bewertung der Seeräuberei war also eine durchaus unterschiedliche, je nachdem, auf welcher Seite man stand. Daneben gibt es aber auch Seeräuber, die nicht unter dem Schutz irgendeiner Regierung standen, und das waren die meisten der berühmten Freibeuter des westindischen Inselgebietes. Auch sie hatten es im 17. Jahrhundert auf die zweimal jährlich zum Zwecke des Tauschhandels nach Südamerika segelnde spanische »flota« abgesehen, die auf dem Hinweg europäische Güter, auf dem Rückweg dagegen Gold und andere Kostbarkeiten transportierte.

Vor allem die Schildkröteninsel (La Tortuga) in der Nähe von Haiti war als Stützpunkt der Freibeuter berüchtigt. Hier gab es Wild und Früchte in erreichbarer Nähe (auf der Insel Hispaniola), Wasser gab es auf der Insel selbst, und sie ließ sich darüber hinaus durch die felsige Küste ohne große Mühe verteidigen, war also ein idealer Schlupfwinkel. Die Seeräuber Westindiens begnügten sich aber nicht damit, Schiffe auszuplündern. Passagiere wurden gefangengenommen und als Sklaven verkauft, ja, nach einiger Zeit gingen die Freibeuter sogar dazu über, an Land tätig zu werden, Hafenstädte zu überfallen und die Speicher zu leeren, oder Goldtransporten aufzulauern und sie gar nicht erst in den Hafen gelangen zu

Zwei Piratenschiffe unter vollen Segeln. Piraten und Freibeuter bedrohten jahrhundertelang die Handelsschiffe auf allen Meeren. Das rechte der beiden abgebildeten Piratenschiffe ist als Schoner getakelt.

lassen. Sehr anschaulich schildert das Buch von R. Hughes »Ein Sturmwind über Jamaika« das Leben auf einem Seeräuberschiff im Westindischen Raum. Eine Gruppe von Kindern, die sich auf der Reise nach Europa befinden, gerät bei einem Überfall in die Gefangenschaft von Seeräubern und bleibt für einige Zeit auf deren Schiff. Anfangs sind sich die Kinder nicht darüber im klaren, daß sie sich in den Händen von Piraten befinden, und finden die Ereignisse eher abenteuerlich als beängstigend, trotz aller schrecklichen Erlebnisse. Schließlich aber werden sie befreit, die Seeräuber vor Gericht gestellt. Wie damals üblich werden die meisten von ihnen, nicht zuletzt aufgrund der Aussagen der Kinder, zum Tod verurteilt.

Natürlich waren die Motive der Seeräuber durchaus unterschiedlich. Während die einen den Verlockungen des Goldes auch unter Todesgefahr nicht wiederstehen konnten, sind bei anderen politische Gründe ausschlaggebend. Zu den letzteren gehörte der französische Adelige Monbars, der schon in seiner Jungend von Berichten über die Eroberung Amerikas durch die Spanier fasziniert war. Vor allem die Niederschriften des katholischen Geistlichen Las Casas, der Kolumbus schon auf seiner ersten Reise begleitet hatte und später Bischof von Mexiko wurde, haben Monbars stark beeindruckt. Las Casas schildert die schreckliche Lage, in die die Indianer durch die Besetzung ihrer Heimat durch die Spanier gekommen sind, und Monbars kann sich diesen Schilderungen nicht verschließen. Als junger Mann faßt er den Entschluß, Freibeuter zu werden, um Spanien soviel wie einem Einzelnen nur möglich ist zu schaden, und damit für die Sache der Indianer zu kämpfen.

Daß Seeräuberschiffe nicht immer einzeln auftraten, sondern sich von Fall zu Fall auch zu Verbänden zusammenschließen konnten, zeigen die Berichte von der Eroberung Cartagenas (Kolumbien) im Jahre 1697. Schon zuvor war Cartagena zweimal durch Freibeuter überfallen worden. Die dritte Niederlage aber war vernichtend. Die Kaperfahrer (mit Kaperbrief und Unterstützung durch Schiffe des französischen Königs) kamen mit einer großen Streitmacht. Auch hierüber berichtet Georges Blond: »Das Verzeichnis des französischen Geschwaders ist uns ... genau überliefert. Insgesamt handelte es sich um sieben große Schiffe: die »Sceptre« ... mit 84 Kanonen und 150 Mann Besatzung; die »Saint Louis« mit dem Vizeadmiral, 64 Kanonen und 430 Besatzungsmitgliedern; die »Fort«, 64 Kanonen und 450 Mann. Weiter die »Vermandois«, »Apollon«, »Furieux« und »Saint Michel«, alle mit 64 Kanonen und 350 Leuten an Bord; ferner ein erbeutetes spanisches Schiff, die »Christ« mit 34 Kanonen und 220 Mann. Hinzu kamen weitere drei Fregatten, die »Mutine«, »Avenat« und »Marin« mit 34, 30 und 28 Kanonen und jeweils 280 Mann an Bord. Es folgten noch ein Bombenschiff und eine Brigantine namens »Providence« mit 30 Mann und vier Kanonen. Zwei Fleutschiffe, vier Fähren und kleine Hilfschiffe begleiteten das Geschwader mit etwa 2000 bis 3000 Matrosen, 1730 Seesoldaten und 53 Seekadetten.« Das war nur der Beitrag des französischen Königs zur Eroberung Cartagenas. Die Freibeuter stellten ungefähr noch einmal soviel an Schiffen und Mannschaften, so daß sich schon eine stattliche Truppe zur Einnahme dieser Hafenstadt aufmachte.

Berühmt waren auch die Brüder Lafitte, die es meisterlich verstanden, die verworrene politische Lage zur Zeit des mexikanischen Freiheitskampfes (im 19. Jahrhundert) für sich zu nüt-

Die Kabinettscheibe mit der Schiffsdarstellung entstand 1723 in Lübeck. Der Dreimaster ist an sämtlichen Masten mit Rahsegeln getakelt. Wie auf früheren mittelalterlichen Darstellungen sind auch hier die Größenverhältnisse keineswegs korrekt wiedergegeben.

Hanß Reimers.
Ao. 1733.

Niederländische Ostindienfahrer in der Nähe der Küste zeigt das Bild von Willem van de Velde dem Älteren. Die Ostindienfahrer waren zwar eigentlich Handelsschiffe, sie waren wegen der Piraten und Kaperfahrer jedoch schwer bewaffnet.

zen und kaum jemals um einen Zufluchtsort verlegen waren. Nach einigen Jahren des gefährlichen Lebens versuchten beide, in eine bürgerliche Existenz zurückzufinden und ihren Reichtum in Ruhe zu genießen. Pierre gelingt dies, Jean ändert sein Leben im Alter ein zweites Mal und setzt sich für die Beseitigung sozialer Mißstände ein, schließt sich auch der marxistischen Bewegung an, in die er seine Hoffnung auf eine bessere Zunkunft setzt, bevor er schließlich im Alter von 72 Jahren im Bett an Lungenentzündung stirbt, ein außergewöhnliches Schicksal für einen Piraten.

Im Mittelmeer waren es vor allem die Araber unter der Führung der Beys von Tunis und Algier, die als Seeräuber tätig wurden. Sie waren selbstverständlich mit Kaperbriefen ihrer Fürsten ausgestattet. Sie waren berüchtigt dafür, daß sie es nicht nur auf Kostbarkeiten aller Art, sondern vor allem auch auf die Erbeutung von Sklaven abgesehen hatten. Nicht zuletzt dies war Anlaß dafür, daß Algier 1830 durch die französische Flotte von See her bombardiert und schließlich eingenommen wurde.

Im Gegensatz zu den übrigen Seeräubern, die an Schiffen alles nahmen, was ihnen gerade unter die Finger kam, wenn es nur einigermaßen schnell und seetüchtig war, hatten die Araber neben der noch lange Zeit für solche Zwecke verwendeten Galeere einen Schiffstyp, der vorwiegend für Seeräuberei und Kaperfahrten verwendet wurde, die Schebecke. Sie war ein schnelles, elegantes Schiff mit drei Masten, ohne umfangreiche Decksaufbauten. Ihre ursprüngliche Takelung bestand aus drei Lateinersegeln und einer kleinen, am Burgspriet angeschlagenen Fock. Bug und Heck der Schebecke sind stark abgeschrägt. Auf den ersten Blick ähnelt sie einer Karavelle, doch ist sie fast noch eleganter und schnittiger. Der schwedische Schiffbaufachmann B. Landström ist der Ansicht, daß sich die Schebecke aus den Galeeren des Mittelmeerraums entwickelt hat, und wenn man beide miteinander vergleicht, kann man sich dieser Ansicht nicht verschließen. Im 18. Jahrhundert baute man auch in Frankreich und Spanien Schebecken, die manchmal sogar rahgetakelt oder mit einer Mischung aus Lateiner- und Rahsegel versehen waren. Die Schebecke hatte ausgezeichnete Segeleigenschaften, der arabische Typ konnte darüberhinaus auch noch gerudert werden, wenn Not am Mann war.

Heute im Zeitalter der Stahlschiffe mit Dieselmotoren spielt die Seeräuberei keine Rolle mehr. Das liegt auch daran, daß fast nur noch Massengüter auf Frachtschiffen transportiert werden, Kostbarkeiten werden in Flugzeugen befördert. Außerdem, was kann es einem Piraten schon nützen, ein mit Kohle oder Öl belandenes Schiff zu kapern, wenn man es dabei gleichzeitig mit Kanonenschüssen zerstört und sich damit der Transportmöglichkeit beraubt, denn ein Umladen auf hoher See ist bei den riesigen Frachtern, die man heute braucht, fast unmöglich. Ganz ausgerottet ist die Seeräuberei aber nicht, denn in asiatischen Gewässern sind die Verhältnisse anders. Vor allem die Flüchtlingsströme in Südostasien, die ihr ganzes Hab und Gut, soweit möglich, auf Schiffe verladen, haben den Piraten neue Möglichkeiten eröffnet.

Neben vielem anderem war auch die schlechte Behandlung der Mannschaften durch die auf See geradezu allmächtigen Kapitäne dazu geeignet, neue Piraten zu schaffen. Bei allen seefahrenden Nationen stand auf Meuterei die Todesstrafe, Meuterer konnten also niemals nach Hause zurückkehren. Da sie außerdem zumeist nichts außer der Seefahrt gelernt hatten und sich mit der Meuterei sowieso schon außerhalb von Recht und Gesetz gestellt hatten, lag dieser Schritt nahe, denn schließlich mußten auch sie von etwas ihren Lebensunterhalt bestreiten. Ihr Leben war verwirkt – die Androhung von Strafen konnte sie also nicht mehr zusätzlich schrecken. Eine rühmliche Ausnahme hiervon bilden die Meuterer von der »Bounty«, wohl

Rechte Seite: Eine Nachbildung der legendären »Bounty«, auf der wohl die berühmteste Meuterei der Geschichte stattfand.

die berühmtesten in der Geschichte der Seefahrt. Die »Bounty« befand sich auf der Heimfahrt von Tahiti, wo sie Brotfruchtbaumsetzlinge für Westindien geladen hatte, als die Meuterei ausbrach. Über ihr Aussehen schreibt der Seekadett Roger Byam, der von den Ereignissen berichtet, folgendes: »Die Bounty war mit Kupfer gedoppelt, damals eine ganz neue Einführung, und mit ihrem breiten, plumpen Rumpf, den kurzen Masten und dem festen Takelwerk sah sie einem Walfischfänger ähnlicher als einem bewaffneten Transportschiff der britischen Marine. Sie trug zwei drehbare Kanonen am Vordeck und achtern am Oberdeck sechs drehbare Geschütze und zwei Vierpfünder ... die Decklänge betrug 90 Fuß und der Laderaum kaum mehr als 200 Tonnen ... Die große Kajüte achtern war in einen Garten verwandelt worden, unzählige Blumentöpfe standen in Gestellen, und auf dem Fußboden waren Rinnen angebracht, um das Wasser immer wieder benützen zu können.« (Aus »Schiff ohne Hafen« von Nordhoff und Hall, nach den Berichten des Seekadetten Byam.) Die Mannschaft wird durch die harte und ungerechte Behandlung, die ihr durch Kapitän Bligh zuteil wird, schließlich so aufgebracht, daß sie sich entschließt, ihn mit einigen Getreuen in einem kleinen Boot auszusetzen und allein weiterzusegeln. Nach einigen Irrfahrten lassen sich die Meuterer mit ihren aus Tahiti stammenden Frauen schließlich auf Pitcairn Island in der Südsee nieder und verbrennen die »Bounty«. Noch heute leben ihre Nachfahren auf dieser Insel in selbstgewählter Einsamkeit. Kapitän Bligh erreicht mit seinem Boot den Malaiischen Archipel und kehrt nach England zurück; einigen, vergleichsweise unbeteiligten Seeleuten, die sich zwar den Meuterern nicht anschließen wollten, sich aber auch nicht entschließen konnten, dem Kapitän in sein kleines Boot zu folgen und deshalb auf Tahiti geblieben waren, wird später in London der Prozeß gemacht, und drei von ihnen werden auf Grund der Aussagen Blighs hingerichtet, obwohl ihr einziges Vergehen darin bestanden hat, daß sie nicht mit dem Kapitän und seinen Getreuen ausgesetzt werden wollten. Man sieht, die Gesetze der Seefahrt waren hart. Vielleicht mußten die Strafen derart drakonisch sein, um die Mannschaften bei der Stange zu halten, denn die Umstände, unter denen Seeleute damals arbeiten mußten, waren wirklich alles andere als angenehm.

Ostindienfahrer

Die Ostindienfahrer waren eigentlich Handelsschiffe, aber schwer bewaffnet, weil sie sich ständig gegen die Angriffe von Kaperfahrern und Piraten wehren mußten. Sie konnten aus diesem Grunde im Bedarfsfall jederzeit als Kriegsschiffe eingesetzt werden und entsprachen dann einem Linienschiff dritten Ranges, also mit 60 Kanonen. Die große Zeit der Ostindienfahrer war das 17. und 18. Jahrhundert, als auch die Ostindischen Kompanien (also Handelsorganisationen, hinter denen auch die politische Macht der Mutterländer stand) stark waren. Die erste dieser Kompanien war die niederländische Ostindien-Kompanie, die schon 1594 gegründet wurde, dann folgte in rascher Folge die englische und französische Ostindienkompanie. Auch eine schwedische, dänische und preußische folgten, zeitweise gibt es sogar eine österreichische Ostindienkompanie. Diese verschiedenen Kompanien standen sich genauso feindlich gegenüber wie die Mutterländer, und bekämpften sich in den Ländern, mit denen sie Handel treiben wollten, nach Kräften und ebenso auf dem Seeweg dorthin.
Einen einheitlichen Typ des Ostindienfahrers gibt es nicht. Während die Niederländer kleinere, bauchige Schiffe mit großem Laderaum bevorzugten, waren die englischen Schiffe

Modell eines niederländischen Ostindienfahrers aus dem Jahre 1670, armiert wegen der Seeräuber.

groß und geräumig und beförderten nicht nur Frachten, sondern auch Passagiere. Es verhielt sich bei den Ostindienfahrern ähnlich wie bei den Walfangschiffen und den Auswandererschiffen: Der Bedarf war groß, deshalb nahm man, was nur irgendwie geeignet schien, und etwaige Gemeinsamkeiten entwickelten sich im Laufe der Zeit aus der Art der Verwendung. So war etwa der große Laderaum ebenso eine unabdingbare Notwendigkeit wie die Bewaffnung mit Kanonen. Die Passgiere waren nicht luxuriös untergebracht, sondern hausten in Verschlägen auf dem hintern Teil des Schiffes unter dem Hauptdeck. Wie Alexander Exmelin, Verfasser eines Berichtes über die Freibeuterei in Westindien, treffend anmerkt, waren die Reisenden in jener Epoche untergebracht wie die Schwei-

Die Heckansicht des 1722 erbauten Ostindienfahrers »Padmos« zeigt dieses Modell.

ne, nur schlechter ernährt. Das galt natürlich auch für die Auswandererschiffe, die sich auf dem Weg von Europa nach Amerika befanden, und die Unterbringung der Mannschaften war sicherlich auch nicht komfortabler als die der zahlenden Passagiere, nur mußten die ersteren auch noch arbeiten.
Die Reise nach Indien war lang und mühselig. Afrika mußte umschifft werden, und der Pazifische Ozean war, im Gegensatz zu den anderen Weltmeeren, noch weitgehend unerforschtes Gewässer. Auch nach der Erforschung von Australien, Neuseeland und der pazifischen Inselwelt durch James Cook (um 1775) setzte sich die Erkenntnis nur langsam durch, daß hier im Süden keine riesige Landmasse lag, wie man früher vermutet hatte. Oftmals war man monatelang unterwegs, die Hin- und Rückreise dauerte manchmal über ein Jahr. Heute im Zeitalter der Düsenflugzeuge kann man sich nicht mehr vorstellen, ein Jahr auf einer Reise zuzubringen, noch dazu unter derart unangenehmen Voraussetzungen. Weil die Reisen so lange dauerten, war eine genaue Planung nötig, und die Schiffe mußten mit allem notwendigen ausgerüstet werden, Lebensmittel und Wasser für eine lange Fahrt laden. Auf der Rückreise brachte man dann die Schätze Asiens, Seide, Tee und Gewürze mit, und erzielte, wenn man den Heimathafen erreichte, reiche Gewinne. Nicht immer erreichte man das Ziel – und deshalb reisten die Ostindienfahrer gern in Gruppen zu mehreren Schiffen, denn auf diese Weise konnte man den Gefahren, die durch Piraten oder feindlich gesinnte Küstenbewohner drohten, besser Widerstand leisten. Gegen Wind und Wetter half das allerdings nichts, und die Elemente waren im Zeitalter der Segelschiffe eine durchaus ernstzunehmende Gefahr, wenn es auch keine Statistik darüber gibt, wieviele Schiffe im Laufe der Zeit gestrandet, gekentert oder leckgeschlagen sind, wieviele Seeleute ertrunken oder nach einem Schiffbruch in winzigen Rettungsbooten verhungert und verdurstet sind.

Das berühmteste Schiff des englischen Forschers James Cook war die »HMS Endeavour«, ein umgebauter Kohlenfrachter (oben). Auf Cooks dritter Reise begleitete ihn neben der »Endeavour« auch die »Discovery« (unten).

Entdeckungsfahrer im 17. und 18. Jahrhundert: Barents – Bering – Roggeveen – Cook

Im 17. Jahrhundert gab es noch große weiße Flecken auf den Land- und Seekarten, die die verschiedenen Kartographen mit Vermutungen oder nach mehr phantasievollen als wahrheitsgetreuen Erzählungen ausfüllen mußten. Deshalb sind die Karten aus dieser Zeit nur sehr bedingt zuverlässig, denn weite Gebiete des Erdballs waren einfach noch nicht erforscht. Schon Ende des 16. Jahrhunderts hatte der Holländer Willem Barents versucht, die Nord-Ost-Passage nach Indien zu finden, um die Landmassen Europas und Asiens herum in den Pazifischen Ozean zu segeln, denn man vermutete, daß dieser Weg kürzer und angenehmer sei als die Passage um Afrika herum. Barents kam bis Nowaja Semlja, wo der Winter die Schiffe der Expedition im Eis gefangenhielt und sie auf den Frühling warten mußte. Aber auch zu Beginn der wärmeren Jahreszeit gelang es den Mannschaften nicht, die Schiffe freizubekommen, und sie mußten versuchen, mit ihren kleinen, offenen Beibooten Lappland zu erreichen. Das gelang ihnen auch, aber Barents und einige andere Mitreisende starben auf dieser Fahrt.
Auch der Däne Vitus Bering wollte die Nordküste Rußlands erkunden und zwar im Auftrag des Zaren. Er wählte allerdings einen anderen Weg als Barents und ließ alles, was man zum Bau eines Schiffes benötigte, auf dem Landweg durch Sibirien nach Kamtschatka schaffen, wo dann das Schiff zusammengebaut wurde. 1729 entdeckte er die Beringstraße, also

den Seeweg zwischen Kamtschatka und Alaska, und segelte bis weit ins Polarmeer hinauf, gelangte jedoch nicht zum amerikanischen Festland. In Rußland schenkte man seinen Berichten keinen Glauben, deshalb plante er eine zweite Forschungsfahrt, die seine Behauptungen beweisen sollte. Ende Mai 1741 erreichte er mit zwei Schiffen Alaska, wo er sich nur einen Tag aufhielt. Während der Rückreise strandete sein Schiff auf einer kleinen Insel, und ein halbes Jahr später starb er dort an Skorbut. Ein Teil der Mannschaft, darunter der deutsche Naturforscher Steller, der beauftragt war, einen Bericht von der Expedition zu schreiben, konnte sich in selbstgebauten Booten aufs Festland retten.
Auch Bering hatte die Nord-Ost-Passage nicht gefunden. Das gelang erst im Jahre 1879 dem in schwedischen Diensten stehenden, zum Lohn dafür zum Freiherrn erhobenen Finnen N.A.E. Nordenskjöld, der von Europa aus an der sibirischen Küste entlangfuhr (mit dem Dampfsegler »Vega«), die Beringstraße passierte und schließlich über Japan und den Suezkanal Europa wieder erreichte. Damit hatte er die seit 300 Jahren gesuchte Nord-Ost-Passage gefunden. Wirtschaftlich allerdings erwies sich die Nord-Ost-Passage als bedeutungslos – einmal wegen der widrigen Wetterverhältnisse, die eine Benützung dieses Seeweges außerordentlich erschweren, zum anderen, weil der Suezkanal in Verbindung mit der Dampfschiffahrt den Seeweg nach Indien entscheidend verkürzt hatte.
Das Aussehen der südlichen Erdhalbkugel war im 18. Jahrhundert für die Menschen noch viel rätselhafter als das Aussehen der Nordhalbkugel. Man vermutete in der Mitte des Pazifiks eine riesige Landmasse, die sich bis zum Pol erstrecken sollte. Im Jahre 1721 machte sich eine holländische Expedition mit mehreren Schiffen unter Leitung des Admirals Jakob Roggeveen auf den Weg, diesen unbekannten Kontinent zu finden. Sie nahm den Weg durch den Atlantik um Kap Hoorn herum und durchquerte den Pazifik in Nord-West-Richtung. Am Ostersonntag stieß sie auf eine bis dahin unbekannte Insel, fruchtbar und bewohnt, die Osterinsel genannt wurde. Obwohl sich die Eingeborenen den Seeleuten friedlich näherten, kam es zu einer Schießerei, und sie verließen die Insel wieder, nachdem sie sich mit frischen Nahrungsmitteln und Wasser eingedeckt hatten, ohne sie weiter zu erforschen. Erst fünfzig Jahre später sollten wieder Weiße die Insel betreten, nämlich die zweite Expedition Cooks. Roggeveen kehrte schließlich, nachdem er den sagenhaften Südkontinent nicht entdecken konnte, 1722 nach Holland zurück.
Auch Kapitän James Cook machte sich auf, den sagenhaften Südkontinent zu finden. Schon vor dieser Reise hatte er sich mit kartographischen Arbeiten beschäftigt und die Küste Neufundlands vermessen. Im August 1768 brach er mit dem umgebauten Kohlenfrachter »Endeavour« in die Südsee auf, um dort astronomische Beobachtungen zu machen. Die »Endeavour« ist das erste Schiff eines Forschungsreisenden, über das wir wirklich Genaues wissen. Als Kohlenfrachter war sie unter dem Namen »Earl of Pembroke« gefahren. Sie maß ungefähr 25 m im Kiel und war 9 m breit, die Länge über alles betrug 30 m. Sie hatte nur einen geringen Tiefgang, und diese Eigenschaft sollte sich bei den Entdeckungsfahrten als sehr nützlich erweisen. Wir wissen deshalb so viel über die »Endeavour«, weil die britische Admiralität während der Umrüstung zum Forschungsschiff genaue Zeichnungen anfertigen ließ, die erhalten geblieben sind.
Im April 1770 erreichte Cook die australische Küste, und in den nachfolgenden Monaten fertigte er eine Karte vom Verlauf der Nordküste an. Nach England zurückgekehrt, rüstete er sich schon bald für eine zweite Reise, diesmal mit den Schiffen »Resolution« und »Adventure«. 1772 brach er wieder auf. Diese zweite Reise war sicherlich die bedeutsamste. Er umrundete Australien und Neuseeland und drang weit ins südliche Eismeer vor, womit er bewies, daß die im Süden der Erdkugel vermutete riesige Landmasse nicht existierte. Er war der durchaus richtigen Ansicht, daß sich weiter im Süden, im Polgebiet, Land befinden müsse, drang aber nicht weit genug vor, um dies zu beweisen. 1775 kehrte er wieder nach England zurück, wo er mit allen Ehren empfangen wurde. Aber nicht lange hielt es ihn zuhause. Schon 1776 brach er zu seiner dritten Reise auf, von der er nicht zurückkehren sollte. Diesmal begleitete ihn wieder sein altes Schiff »Endeavour« und ein zweites, neues Schiff, die »Discovery«. Jetzt wollte er den Weg vom Pazifik in den Atlantik um Nordamerika herum erkunden und vermaß weite Teile der nordamerikanischen Westküste, mußte aber wegen des Packeises in der Beringstraße umkehren. Auf dieser Fahrt entdeckte er die Hawaii-Inseln, wo er, nach seiner Umkehr in der Beringstraße, getötet wurde. Am 14. Februar 1779 kam er während eines Gefechtes mit den Eingeborenen ums Leben, seine Schiffe kehrten ohne ihn nach England zurück. Cooks Leben und Charakter weichen ziemlich von denen der anderen Entdeckungsfahrer ab. Er war kein Abenteurer, sondern ein Angestellter der britischen Admiralität, der sich als Kartograph hervorgetan hatte und deshalb mit weiteren Forschungsreisen beauftragt worden war. Trotzdem wäre natürlich der Erfolg dieser Reisen ohne seinen persönlichen Mut und seine Erfahrung ausgeblieben. Er erforschte den letzten großen weißen Fleck auf den Seekarten, aber noch viele Forschungsreisende mußten seinen Spuren und denen seiner Vorgänger folgen, bis wirklich der ganze Erdball genau vermessen und kartographiert war.

Die Fregatte »HMS Pomone«, ein Schiff aus der Zeit um die Wende vom 18. zum 19. Jahrhundert.

Schiffbau im 18. und 19. Jahrhundert

Auch im 18. und 19. Jahrhundert traten im Schiffbau keine grundlegenden Veränderungen auf. Man nahm kleine Korrekturen vor, verbesserte Bewährtes, aber das Segelschiff hatte inzwischen einen so hohen Standard erreicht, daß bahnbrechen-

de Neuheiten fast unmöglich waren. Es gab wieder mehr regionale Unterschiede im Schiffbau, denn die einzelnen Länder paßten die verschiedenen Bootstypen stärker an ihre Bedürfnisse an, so daß vor allem Tiefgang und Takelung nicht mehr so einheitlich waren, auch wenn es sich im Grunde um ein und denselben Schiffstyp handelte. Der schwedische Schiffbauer Fredrik Henrik af Chapman, der 1768 eine farbig illustrierte Zusammenstellung aller damals bekannten seegehenden Handelsschiffe veröffentlichte, teilte diese Segler in fünf Grundkonstruktionen auf: zwei verschiedene Arten von Fregatten, eine mit Spiegelheck und eine mit Rundheck, die Pinke (möglicherweise eine Nachfolgerin der Fleute), alle drei mit einem ausgeprägten Galion, ohne dieses dagegen die Katt und die Bark. Heute sind uns von diesen nur noch die Fregatte und die Bark geläufig.
Im 18. Jahrhundert war für die Einordnung eines Schiffes noch der Riß ausschlaggebend, die Takelung spielte hierbei nur eine untergeordnete Rolle. Das änderte sich im 19. Jahrhundert, vielleicht aus praktischen Erwägungen, denn die Takelung eines Schiffes konnte man schon von weitem, sogar mit einem Fernglas erkennen, während man Details der Konstruktion nur aus der Nähe, am besten natürlich im Trockendock sehen konnte.

Brigg und Brigantine

Eigentlich handelt es sich bei diesen Bezeichnungen um ein und denselben Schiffstyp, der sogar noch einen dritten Namen führte: Schnaue. Ursprünglich hießen zweimastige Schiffe mit Rahtakelung Brigantine. Später, als die Schiffe größer wurden, erhielt der Großmast zusätzlich noch ein Gaffelsegel, das Briggsegel, das hinter dem Großrahsegel angebracht war. Außerdem kamen neben den Mars- noch Bramrahsegel hinzu,

Eine Schnau, eine Sonderform der Brigg, aus dem Jahr 1791. Bei der Schnau wurde das Gaffelsegel an einer gesonderten Stenge angeschlagen, dadurch konnte das Gaffelsegel höher vorgeheißt werden als die Großrahe.

Oben: Die Hamburger Brigg »Eliza & Emma«. Sie ist mit sogenannten Leesegeln als Vergrößerung der Bramsegel getakelt. Das Schiff gewann auf diese Weise zusätzliche Segelfläche. Eine Brigg zeigt auch das untere Bild. Dieser rahgetakelte Zweimaster wurde als schneller Frachtsegler eingesetzt. Die Abbildung zeigt das Schiff vor Neapel.

Einen besonders prächtigen Anblick bietet diese Darstellung des spanischen Kriegsschiffes »San Eugenio« (80-Kanonen-Schiff) mit seiner farbenfrohen Paradebeflaggung. Das Aquarell von A. Berlinguero entstand 1775 und befindet sich im Museo Naval in Madrid. Trotz der schweren Bewaffnung wirkt das Schiff beinahe verspielt, was sowohl an der fröhlichen Paradebeflaggung als auch an der eleganten Linienführung des Schiffrumpfes liegt.

Im Jahre 1866 lieferten sich die Klipper »Taeping« und »Ariel« ein 99 Tage dauerndes Rennen von Foochow (China) nach London, das die »Taeping« (auf dem Bild links) schließlich mit nur einer halben Stunde Vorsprung für sich entschied; sie lief am 6. September um 21.45 Uhr im Hafen ein, die »Ariel« folgte um 22.15 Uhr.

und am Bugspriet wurden Dreiecksfocks angeschlagen. Jetzt nannte man diesen Schiffstyp Brigg. Es gibt auch Berichte, nach denen es sogar Briggs mit Royaltoppsegeln und Blinde gab, doch war diese Takelung sicherlich nicht die Regel. Die Brigg war international verbreitet, nicht nur in Europa, sondern auch in Amerika wurde dieser Schiffstyp gebaut.

Die Fregatte

Die Fregatte war im 18. Jahrhundert ein von allen Nationen geschätzter und häufig verwendeter Kriegsschifftyp. Sie hatte sich aus ihren Anfängen als kleines, schnelles Schiff zu einem großen, schwerbewaffneten Kriegsschiff entwickelt. Ihre große Zeit war zu Beginn des 19. Jahrhunderts, während des Krieges zwischen den Vereinigten Staaten und Großbritannien (1812 bis 1814), als regelrechte Fregattenduelle stattfanden. Aber auch in den napoleonischen Kriegen kam sie zum Einsatz. In den Vereinigten Staaten wurde auch ein friedlicher

Fregattentyp gebaut, und die großen Ostindienfahrer in England und den Niederlanden waren diesem sehr ähnlich. Aus Blackwall (England) stammen auch die gleichnamigen Fregatten, die ebenfalls für friedliche Zwecke bestimmt waren.
Anders als die übrigen großen Kriegsschiffe hatte die Fregatte auch in dieser Zeit nur ein Geschützdeck. Auch daran, daß sie flachgehend und von schlanker Gestalt war, hatte sich nichts geändert. Außerdem besaß sie vorzügliche Segeleigenschaften und war sicherlich das schnellste aller großen Kriegsschiffe. Sie hatte drei Masten, und an Segeln wurde nicht gespart. Es gibt Berichte von einer amerikanischen Fregatte, die 1815 während des Krieges in britische Hände fiel, und die außer Mars-, Bram- und Royalsegeln auch noch Skysegel hatte. Außerdem hatte sie hinter den Rahsegeln noch Gaffelsegel, eine Takelung, die wir schon von der wesentlich kleineren Brigg kennen. Am Klüver schließlich konnten bis zu vier dreieckige Focks gesetzt werden.
Im Krieg zwischen den Vereinigten Staaten und Großbritannien gab es keine Seeschlachten, dafür aber die berühmten Fregattenzweikämpfe von 1812. Obwohl blutig ernst, arteten einige von ihnen in eine Volksbelustigung aus, die viele Zuschauer anzog. An diesen Zweikämpfen nahmen auch die berühmtesten amerikanischen Fregatten, die »Constitution« und die »Chesapeake« teil. Die »Constitution« focht ein Duell gegen die »Guerrière« aus, eine Fregatte französischen Ursprungs, die von den Briten gekapert worden war, und blieb Sieger. Die Kanonen der »Guerrière« konnten gegen die solide gebaute »Constitution« nichts ausrichten, was ihr den Beinamen »Old Ironside« (ungefähr »alte Eisenwand« – gemeint sind die Bordwände) eintrug. Das unter britischer Flagge fahrende Schiff dagegen büßte alle Masten ein, war deshalb manövrierunfähig und erhielt eine volle Breitseite, die es vollends zum Wrack machte.
Aber nicht in allen diesen Kämpfen waren die Amerikaner so erfolgreich. Die »Chesapeake«, die im Juni 1813 an einem solchen Duell teilnahm, war weniger glücklich. Der Kampf fand vor dem Hafen von Boston an der nordamerikanischen Ostküste statt. Viele Fischerboote und Vergnügungsschiffe waren hinausgefahren, um dem Ereignis beizuwohnen, und hofften natürlich auf einen Sieg der amerikanischen Seite. Die Briten hatten zwei Schiffe, beides Fregatten, vor Boston liegen, die »Shannon« und die »Tenedos«. Aber nur die »Shannon«, geführt von Kapitän Broke, beteiligte sich an diesem Gefecht. Die Hoffnungen der Zuschauer erfüllten sich jedoch nicht – die »Shannon« blieb Sieger. Nach kurzem Kampf wurde die »Chesapeake«, durch die britischen Kanonen schwer getroffen, von den Engländern eingenommen. Nicht nur das Schiff war beschädigt worden, auch unter der Mannschaft hatte es Opfer gegeben, und unter ihnen war auch der Kapitän der »Chesapeake«, Lawrence.
Eine dieser Fregatten, die »Constitution«, die nicht nur das oben beschriebene, sondern auch noch mehrere andere dieser Duelle siegreich bestehen konnte und deshalb in den Vereinigten Staaten einen legendären Ruf hat, befindet sich heute, völlig restauriert, im Hafen von Boston, wo sie besichtigt werden kann und sich eines regen Zulaufs erfreut – ein Beweis dafür, wie ungebrochen die Anziehungskraft alter Segelschiffe auch heute noch ist.

Eine Handelsfregatte aus dem Jahr 1790. Fregatten hatten hinter den Rahsegeln noch Gaffelsegel, eine Takelung, die der Brigg ähnelte. Die zweimastige Brigg war jedoch wesentlich kleiner als die dreimastige Fregatte.

Die Schlacht von Trafalgar

Es ist unmöglich, einen Bericht über Segelschiffe zu schreiben und dabei die Schlacht von Trafalgar nicht zu erwähnen. Sie war die letzte große Segelschiffschlacht überhaupt. Auf der Seite der Engländer kämpfte der berühmte Seeheld Horatio Nelson (1758 – 1805), der schon 1798 bei der Seeschlacht von Abukir siegreich geblieben war. In England war er nicht nur wegen seiner Erfolge, sondern auch wegen seiner aufsehenerregenden Liebesaffäre mit Lady Hamilton bekannt. Schon vor der Schlacht von Trafalgar war er im Kampf mehrfach verwundet worden und hatte ein Auge und einen Arm verloren. Trafalgar sollte ihm nicht nur seinen größten Sieg, sondern auch den Tod bringen. Über das Flaggschiff Nelsons, die »Victory« (»Sieg« – nomen est omen, wie die Lateiner sagen, ein Name voller Vorbedeutung also) wissen wir genau Bescheid, denn man kann sie noch heute in England besichtigen. Sie befindet sich im Trockendock in Portsmouth. Die »Victory« war kein neues Schiff, als die Schlacht von Trafalgar stattfand. Sie war bereits vierzig Jahre zuvor gebaut worden, und man hatte sie schon zweimal von Grund auf erneuert, das letzte mal zwei Jahre vor der Schlacht, direkt vor der Übernahme durch Admiral Nelson. Sie war nicht ganz 70 m lang und 16 m breit und hatte drei Geschützdecks, die mit insgesamt 102 Kanonen ausgerüstet waren. Für ihren Bau hatte man hauptsächlich bestes englisches Eichenholz verwendet, das zusätzlich noch mit Kupfer beschlagen worden war. Sie hat drei Masten, die vorderen mit Rahsegeln, der Besan mit einem Gaffel-, Rahmars- und Bramsegel. Am Bugspriet befinden sich nicht nur Vorrichtungen für zwei Dreieckssegel, sondern auch für Blinde und Oberblinde, die aber wahrscheinlich wegen ihrer Unhandlichkeit nur selten benützt wurden. Vielleicht ist ein Vergleich mit den 50 bis 60 Jahre später gebauten amerikani-

Die »HMS Victory«, das Flaggschiff von Admiral Nelson, des Siegers der Schlacht von Trafalgar, befindet sich heute im Hafen der englischen Stadt Portsmouth im Trockendock. Das 102-Kanonen-Schiff ist vollständig restauriert.

Die Schlacht bei Trafalgar endete mit dem Sieg der Engländer (unter Nelson) über die Franzosen und brachte England für ein Jahrhundert die Macht auf See. Der englische Admiral Horatio Nelson fiel allerdings in der Schlacht im Augenblick seines größten Triumphes. An Bord seines Flaggschiffes »Victory« wurde der tote Seeheld nach England zurückgebracht.

schen Fregatten interessant, denn dadurch kann man deutlich erkennen, in welche Richtung sich der Kriegsschiffbau in dieser Zeit entwickelte. Die größten der US-Fregatten waren etwas über 60 m lang und 13,5 m breit. Sie hatten nur ein Geschützdeck, das mit bis zu 44 Kanonen bestückt werden konnte. Die Fregatten hatten wesentlich mehr Segel an ihren

drei Masten untergebracht. Mars-, Bram- und Royalsegel waren die Regel, aber auch Skysegel kommen vor. Außerdem konnte man hinter den Rahsegeln am gleichen Mast auch noch Gaffelsegel setzen, so daß die Fregatten bei günstigem Wind sicherlich sehr schnell waren.
Aber kehren wir wieder zur »Victory« zurück. Im Oktober 1805 war England während der Napoleonischen Kriege mit Rußland, Österreich und Schweden verbündet, die sich aber an dieser Schlacht nicht beteiligten. Auf der Seite Frankreichs kämpft noch die spanische Flotte, die gerade aus Indien heimgekehrt ist. Man trifft sich zur entscheidenden Schlacht vor Kap Trafalgar (Spanien, bei Cádiz), und die französische Flot-

te wird vernichtend geschlagen. Damit gewann England für ein Jahrhundert die Macht zur See. Da sich die englische Flotte als unbesiegbar erwiesen hatte, verhängte Napoleon die Kontinentalsperre über England, um es durch Handelsbeschränkungen in die Knie zu zwingen. Aber auch das erwies sich als eher günstig für die Briten, die sich auf den Handel mit ihren Kolonien besannen und auch die spanischen und portugiesischen Kolonien mit einbezogen. Hier liegt einer der Gründe für die ungeheure Macht des britischen Empire im 19. Jahrhundert. Nelson aber fällt in der Schlacht, im Augenblick seines größten Triumphes, und wird an Bord seines Flaggschiffs »Victory« nach England zurückgebracht.

Klipper

Der Klipper ist wohl das berühmteste große Segelschiff des 19. Jahrhunderts. Sein Werdegang ist, wie bei so vielen anderen Schiffen, nicht ganz klar. Sicher ist nur, daß seine Entwicklung nicht nur das Werk eines einzelnen Schiffbaumeisters ist, sondern er hat sich über Jahrzehnte hinweg durch Übernahme von Merkmalen verschiedener Schiffe herausgebildet, bis es schließlich zu einem mehr oder weniger einheitlichen Typ

Oben: Die »Cutty Sark«, wohl der berühmteste aller englischen Klipper, wurde als Teeklipper zwischen China und England eingesetzt. Unten: Panoramamodell eines englischen Klippers, charakteristisch ist der scharfe Bug.

Diese bunt bemalte Galionsfigur aus dem Osloer Schiffahrtsmuseum gehörte zu der Zweimastbark »Christina«. Sie entstand Anfang des 19. Jahrhunderts und wirkt durch die einfache Linienführung fast zeitlos.

kam. Die ersten Klipper werden uns aus den Vereinigten Staaten gemeldet. Es sind die sogenannten Baltimore-Klipper, schnelle Segler mit einer kutterähnlichen Takelung, an denen vor allem der scharfe Bug auffällt, der die Wellen geradezu durchschneidet. In seinen Anfängen war der Klipper kein allzu großes Schiff, aber das sollte sich schnell ändern.
Die Vereinigten Staaten blieben auch weiterhin führend im Klipperbau, aber auch in England beschäftigte man sich damit, denn die Klipper (Teeklipper) fanden vor allem als schnelle Handelsschiffe Verwendung, und daran hatte das England des 19. Jahrhunderts einen großen Bedarf. Wohl der berühmteste aller Klipper, die englische »Cutty Sark«, war ebenfalls ein Teeklipper und beförderte Tee von China nach England. Sie wurde von vornherein mit der Maßgabe gebaut, schneller zu sein als das bis dahin schnellste Teeschiff, die »Thermopylae«. Beide Schiffe sind sich sehr ähnlich, ihre Abmessungen sind fast identisch. Die »Thermopylae« aber ist noch fast gänzlich aus Eichenholz gebaut, während man bei der »Cutty Sark« auf das tropische Teakholz und Eisenspanten als Baumaterial zurückgreifen mußte, denn der Eichenbestand Englands war durch den jahrhundertelangen Schiffbau auf einen spärlichen Rest von schlechter Qualität zusammengeschmolzen. Teakholz erwies sich aber als sehr geeignet für den Schiffbau, vor allem kann ihm durch seinen natürlichen hohen Fettgehalt das Seewasser nur wenig anhaben. Sowohl die »Cutty Sark« als auch die »Thermopylae« hatten drei Masten, waren ungefähr 65 m lang und 11 m breit. Auch sie hatten den scharfen Bug der Baltimore-Klipper, der jetzt aber leicht konkav verläuft. Sie waren an allen drei Masten mit Rahsegeln ausgestattet, also sogenannte Vollschiffe. Die »Cutty Sark« befindet sich heute im Trockendock in Greenwich, vollständig restauriert, und kann besichtigt werden.
Das größte Klipperschiff, das je gebaut wurde, ist in den Vereinigten Staaten entstanden. Es sollte zugleich das letzte Großschiff sein, das völlig aus Holz gebaut wurde. 1853 wurde es fertiggestellt und auf den Namen »Great Republic« getauft. Es war über 100 m lang (Wasserlinie) und 16 m breit. Auch die »Great Republic« war ein Vollschiff mit drei rahgetakelten Masten, hatte aber zusätzlich noch einen vierten, schonergetakelten Mast achtern. Leider brach schon auf der Jungfernfahrt ein Feuer auf der »Great Republic« aus, und sie konnte nur unvollkommen repariert werden, so daß sie niemals voll zum Einsatz kam.
Klipperschiffe waren Schiffe der Superlative. Schneller, größer, besser war die Parole. Die berühmte »Flying Cloud«, ebenfalls in den USA gebaut, soll das schnellste aller Klipperschiffe gewesen sein. Damals führten diese Großsegler regelrechte Rennen untereinander durch, wenn es etwa darum ging, die erste Ladung Tee einer neuen Ernte nach England zu bringen, und mußten auch mit den ersten, immer besser werdenden Dampfschiffen konkurrieren. Die »Flying Cloud« schaffte die Strecke von New York zu ihrem Heimathafen San Francisco (um Kap Hoorn herum, den Panamakanal gab es noch nicht) zweimal in der Rekordzeit von 89 Tagen, und das machte ihr kein anderes Schiff nach.
Es gibt viele Gründe für den ungeheuren Aufschwung, den die Schiffahrt im 19. Jahrhundert nahm. Da war der schon erwähnte Handel Englands mit seinen Kolonien, wobei man nicht nur an Indien und China mit den von dort kommenden Gütern Tee, Gewürze, Seide und Opium denken muß, auch

Aus Oldenburg stammt der kleine Frachtewer auf diesem Bild aus dem Seefahrtsmuseum Brake. Solche kleinen Segelschiffe wurden im 19. Jahrhundert vor allem in den küstennahen Gewässern eingesetzt.

der Wollhandel mit Australien begann eine immer größere Rolle zu spielen. Um die Mitte des 19. Jahrhunderts herrschte außerdem der von vielen Schriftstellern beschriebene Goldrausch in den Vereinigten Staaten, und sämtliche zur Verfügung stehenden Schiffe waren mit Goldsuchern auf dem Weg nach Alaska vollgepackt. Sehr anschaulich wird das in Jack Londons berühmtem Roman »Lockruf des Goldes« dargestellt. Außerdem hatte auch der Passagierverkehr zwischen den Kolonien und ihren Mutterländern enorm zugenommen, eine Entwicklung, die sich teilweise schon zur Zeit der Ostindienfahrer abzeichnete. All das erzeugte einen vorher nie dagewesenen Schiffbauboom, aber die rasende Entwicklung beschleunigte das Ende der Segelschiffe, denn das Dampfschiff erwies sich im Kampf um mehr Geschwindigkeit und Stauraum als klar überlegen. Die Klipper hatten, um die Geschwindigkeit zu erhöhen, den Frachtraum am Ende so verkleinert, daß sich die Fahrten nicht mehr lohnten, und dieser finanzielle Aspekt bedeutete ihr Ende.

Andere Großschiffe im 19. Jahrhundert – Schoner und Barken

Ab der Mitte des 19. Jahrhunderts wurde mit Metall, also Eisen und Stahl, verstärkt gearbeitet, und schließlich stellte man nicht nur die Schiffsrümpfe, sondern auch die Masten und Rahen aus diesem Material her. Neben dem Klipper hatten sich zwei weitere wichtige Typen von Handelsschiffen herausgebildet, deren Grundzüge zwar nicht neu waren, die aber jetzt verstärkt gebaut wurden. Hier ist an erster Stelle die Bark zu nennen, die mit bis zu fünf Masten gebaut wurde. Sie hatte nicht, wie das klassische Vollschiff, an allen Masten Rahtakelung, sondern an den achteren Masten Gaffelsegel. Der Laderaum der Barken war wesentlich größer als der der ganz auf Schnelligkeit angelegten Klipper, deshalb konnten sie sich gegenüber dem Dampfschiff auch länger behaupten. Leider erwies sich Stahl, vor allem beim Mastbau, als nicht so haltbar

Im Museum von Karlskrona/Schweden befindet sich diese Sammlung von Galionsfiguren. Sie gehörten früher zu verschiedenen schwedischen Kriegsschiffen aus dem 18. und dem 19. Jahrhundert.

Oben: Das Gemälde »Lastensegler im Hafen von Mainz« von Johann Adam Klein aus dem Jahr 1815 befindet sich im Münchner Stadtmuseum. Es zeigt einen typischen Binnenhafen der damaligen Zeit. Unten: Ein Topsegelschoner war die »Hanna Jensen«. Das Bild aus dem Jahr 1860 hängt im Friesenmuseum in Wyk auf Föhr.

wie Holz, man kann hier nicht vom heutigen Qualitätsstandard ausgehen. Zudem hatten die Stahlmasten einen weiteren Nachteil – sie konnten nicht, wie vordem Holzmasten, einfach während der Fahrt von der Mannschaft ausgebessert und ersetzt werden. In Nordamerika ging man immer mehr von der Rahtakelung ab, da diese eine große Mannschaft zu ihrer Bedienung erforderte, und ersetzte die Rahsegel auf allen Masten der Bark, bis auf den vordersten, durch Gaffelsegel ohne Toppsegel. Ein solcherart getakeltes Schiff nennt man Barkentine.

Der Schoner war ursprünglich ein Zweimaster, dessen Takelung aus Groß- und Fockmast bestand, der Großmast war zweigeteilt in Untermast und Marsstenge. Die Bedienung des Schoners war recht einfach, und wohl deshalb begann man, immer größere zu bauen. Im 19. Jahrhundert erfreute sich der Schoner wegen seiner Wirtschaftlichkeit großer Beliebtheit. So brauchte zum Beispiel die »Thomas W. Lawson«, ein Schiff mit 7 Masten, 117 m lang (Wasserlinie), über 5000 BRT (Bruttoregistertonnen) nur 16 Mann Besatzung. Vor allem in Amerika wurden viele ähnliche Schiffe gebaut, wenn auch sieben Masten immer eine Ausnahme blieben. Vier bis fünf waren üblich, alle zweigeteilt, mit Gaffelsegeln und Rah- oder, häufiger, mit Dreieckstoppsegeln. Der Schoner hatte also viele verschiedene Gesichter – gemeinsam hatten alle Schoner ihre Wirtschaftlichkeit, die ihre Beliebtheit erklärt.

Kriegsschiffe im 19. Jahrhundert

Die Großschiffe mit mehreren Geschützdecks, die noch im 17. und 18. Jahrhundert so stark vertreten waren, spielten im 19. Jahrhundert nicht mehr diese Rolle. Das hatte seine Gründe darin, daß große Seeschlachten, anders als in den vorhergehenden Jahrhunderten, nicht mehr ausgetragen wurden. Sehr verbreitet waren jetzt die kleineren und leichteren Fregatten, die nur ein Geschützdeck hatten. Sie waren zumeist als Vollschiff getakelt.

Auch die Korvette, in der Rangordnung eine Klasse unter der Fregatte, hatte zumeist Vollrigg. Sie fand vorwiegend als Kaperfahrer, Begleitschutz oder Späher Verwendung. Die Korvette hatte normalerweise kein Geschützdeck, sondern trug ihre 18 bis 20 Kanonen auf dem Oberdeck.

Neue Segelschifftypen, die als Kriegsschiffe Verwendung fanden, gibt es im 19. Jahrhundert nicht. Man überlegte damals die Einführung von Dampfschiffen auch als Kriegsschiffe, konnte sich aber, aus vielerlei Gründen, noch längere Zeit nicht dazu entschließen.

Exotische Schiffsformen

Neben den bis jetzt dargestellten Schiffstypen gibt es im 18. und 19. Jahrhundert eine Vielzahl kleiner, oft nur regional verbreiteter Schiffe. Es würde aber in diesem Rahmen zu weit führen, sie alle zu beschreiben, zumal sie nichts entscheidend anderes zeigen als die großen Schiffe, denn sie gehen von denselben Grundlagen aus. Es gibt aber im außereuropäischen Raum einige Bauweisen, die von der europäisch geprägten so stark abweichen, daß sie einer eingehenderen Betrachtung wert sind, und diese sollen hier nicht unberücksichtigt bleiben. Als erstes sind hier vielleicht die Nilschiffe zu nennen, die den kleinen, mit Lateinersegeln getakelten Schiffen des Mittelmeers ähneln. Es sind keine seegehenden Schiffe, sie werden nur auf dem Nil benützt, stromabwärts läßt man sie treiben, stromaufwärts bedient man sich der Segel.

Das spanische 74-Kanonen-Schiff »San Juan Nepomuceno« zeigt das Bild aus dem Museo Naval in Madrid.

Dieses Modell einer chinesischen Dschunke zeigt einen zweibeinigen Mast ähnlich den altägyptischen Mastkonstruktionen.

Bekannt in Europa ist auch die sogenannte Dau, eine Bezeichnung, die verschiedene Formen im arabischen Raum umfasst und eigentlich nur Schiff bedeutet. Man nimmt an, daß sie aus den portugiesischen Karavellen entstanden ist, die im 16. Jahrhundert zum Gewürzhandel in diese Gebiete kamen, aber das ist nicht erwiesen, denn wir haben keine Unterlagen über ihre Entstehungsgeschichte. Björn Landström, der schwedische Schiffbaufachmann, nennt hier als wichtigste Typen die Bagalla, die Sambuk, die Bum und die Gyanja. Die arabischen Schiffe sind durchaus hochseetüchtig, scheinen aber alle nur auf Vorwindkurs segeln zu können, so daß sie immer auf den jeweils richtigen Monsun warten müssen. Einige dieser Schiffe

Eine Hamburger Bark vor dem Hafen von Hongkong, Mitte des 19. Jahrhunderts. Typisch für die Takelung der Bark sind die Rahsegel an den beiden vorderen Masten.

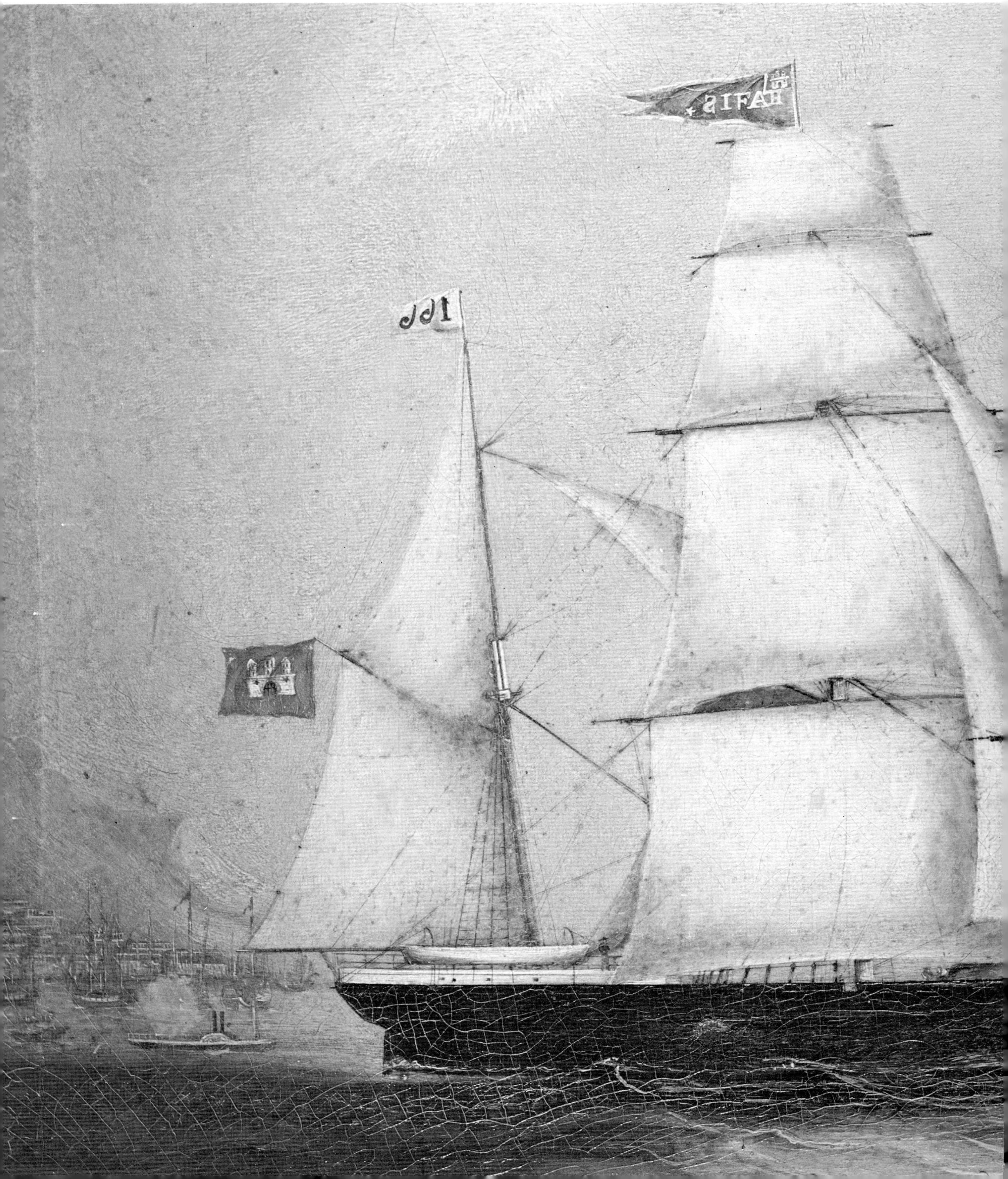

sind, ebenso wie die Nilschiffe, auch heute noch im Gebrauch. Es gehören noch andere Schiffstypen unter den Oberbegriff Dau, aber da wir nur wenig von ihnen wissen, ist auch ihre Betrachtung nicht sehr ergiebig.
Weiter im Osten stoßen wir auf die wohl berühmtesten aller exotischen Schiffe, die Dschunken. Schon Marco Polo gibt uns Berichte von Dschunken, er beschreibt sie als Viermaster mit einem Steuerruder. Ende des 13. Jahrhunderts war ein einzelnes Steuerruder für jemanden aus dem Mittelmeerraum deshalb erwähnenswert, weil man dort, anders als in Skandinavien, grundsätzlich zwei verwendete. Chinesische Dschunken scheinen seit Jahrhunderten keine grundlegenden Veränderungen durchgemacht zu haben. Sie haben zumeist einen flachen, floßähnlichen Rumpf, dessen Innenraum in kleine Abteilungen unterteilt ist, die wohl die Aufgabe von Schotten haben. Ganz typisch für alle Dschunken sind die Verstärkun-

Zu den berühmtesten Gemälden von William Turner gehört »Das Kampfschiff 'Temeraire' wird zu seinem letzten Ankerplatz geschleppt«. Die »Temeraire« war bereits an der Schlacht von Trafalgar beteiligt gewesen, sie war dort direkt hinter Nelsons Flaggschiff »Victory« gesegelt. (Reproduced by courtesy of the Trustees, The National Gallery, London)

gen der Segel durch Bambuslatten und ein kunstreich erdachtes Schotensystem, das die Handhabung der Segel sehr vereinfacht. Dschunken können, im Gegensatz zu den Daus, auch kreuzen, und waren zu Zeiten Marco Polos sicherlich die fortschrittlichsten aller Schiffe.

Japanische Dschunken unterscheiden sich sehr stark von den chinesischen. Ihr Rumpf ist größer und breiter, nicht so flachbodig wie der der chinesischen, und ihre Takelung ist recht eigenartig: Sie haben zwei Masten mit Rahsegeln, die Masten aber ähneln mit dem oben befindlichen angedeuteten Haken den Masten der südeuropäischen Lateinersegler. Auch Decksaufbauten wie Vorder- und Achterkastell kommen vor.

Zwei außergewöhnliche Formen wollen wir noch kurz betrachten. In Neuguinea gibt es Boote, die aus drei oder mehr Einbäumen, die durch eine Plattform miteinander verbunden sind, bestehen, die Lakatoi. Aber nicht der Rumpf ist das Seltsame daran, derartige Konstruktionen sind schon früher vorgekommen, nein, es ist die Form der beiden Segel, die sich wie riesige Krabben- oder Hummerscheren in den Himmel erheben.

Auch die Doppelkanus der Südsee sollen früher solche Segel gehabt haben. Es gibt solche mit zwei gleichen Rümpfen, wie die neuseeländischen Kriegskanus, die durch einen Achtersteven, der bis zu 6 m hoch sein kann, auffallen, und andere mit verschieden großen Rümpfen, wie die Kanus der Tonga-Inseln. Heute haben diese Kanus eine Art Sprietgaffeltakelung, aber das ist wohl europäischen Einflüssen zuzuschreiben.

Die Dampfschiffahrt und das Ende der Großsegler

Anfang des 19. Jahrhunderts begann man mit der Entwicklung von Dampfschiffen. James Watt hatte 1769 damit begonnen, die Dampfmaschine so weiterzuentwickeln, daß sie wirklich gebrauchstauglich war, und so lag es nahe, dieses Prinzip auch im Schiffsbau anzuwenden.

Nachdem 1807 der Amerikaner Fulton mit seinem Raddampfer »Clermont« den Hudson befahren hatte, mußten sich die Segelschiffe auf einige Konkurrenz gefaßt machen. Schon 1819 überquert das erste Dampfschiff, die »Savannah«, den Atlantik in 26 Tagen (unter Zuhilfenahme ihrer Segel). Die »Savannah« war eigentlich ein vollgetakeltes Schiff und benützte ihre Dampfmaschine hauptsächlich in Landnähe. Die ersten

Die Xylographie aus dem Jahre 1844 zeigt die beiden Schiffe »Erebus« und »Terror« der Franklin-Expedition. Schiffe wie diese markierten das Ende einer Ära, bald lösten Dampfschiffe die letzten Großsegler ab.

Solch ein Gewirr von Masten und Rahen sah man früher in jedem Hafen, bevor die Dampfschiffe die Segelschiffe ablösten.

Zauber und Romantik der Segelschiffahrt werden hier noch einmal heraufbeschworen.

Dampfer hatten durchweg Schaufelradantrieb, und dieser hatte gewichtige Nachteile: Die Schaufelräder waren sehr umfangreich, nahmen also einen Teil des Laderaums ein, und außerdem konnten sie sehr leicht beschädigt werden. Deshalb waren die Vorteile gegenüber den Segelschiffen zur Zeit des Schaufelrades noch nicht so groß, als daß diese gleich in der ersten Runde verdrängt worden wären. Außerdem hatte man noch mit den Kinderkrankheiten der Dampfmaschinen zu kämpfen, denn diese waren noch keineswegs ausgereift. Man kann also die ersten, dampfgetriebenen Schiffe mehr oder weniger als Versuchsballons betrachten.

Die Raddampfer wurden bald vom Fortschritt überholt – nach jahrelangen Versuchen verschiedener Schiffbauer hatte man den Schraubenantrieb so weit verbessert, daß er in größerem Umfang zur Anwendung kommen konnte. In der Auseinandersetzung um die Vor- und Nachteile von Rad- oder Schraubendampfer kam es im Jahre 1845 zu einem denkwürdigen Wettkampf: Die britische Admiralität ließ eine Art von Tauziehen zwischen dem Schraubendampfer »Rattler« und dem Raddampfer »Alecto« veranstalten, um die überlegene Antriebsweise herauszufinden. Beide waren mit gleichartigen Dampfmaschinen mit 200 PS Antriebskraft ausgestattet. Dabei stellte sich heraus, daß der Schraubenantrieb klar vorteilhafter war – die »Rattler« war in der Lage, die »Alecto« mit über zwei Knoten Geschwindigkeit abzuschleppen.

Bis zu diesem Zeitpunkt in der Mitte des 19. Jahrhunderts hatten natürlich noch immer die Segelschiffe klar dominiert, und so gut wie alle Dampfschiffe waren zusätzlich noch mit Segeln ausgerüstet, denn man vertraute der neuen Technik noch keineswegs so sehr, daß man, allein auf ihren Antrieb angewiesen, die Meere überqueren wollte. Und schließlich versuchte man ja auch auf dem Gebiet der Segelschiffahrt, Verbesserungen vorzunehmen und konkurrenzfähig zu bleiben. Man hatte beispielsweise aus den Fehlern der Klipper gelernt, die den Frachtraum zugunsten der Geschwindigkeit immer mehr verkleinert hatten und deshalb von der Bildfläche verschwunden waren, und sich mehr der Entwicklung von großen Schonern und Barken zugewendet, die einen großen Stauraum mit leichter Bedienung verbanden. Man begann auch, vermehrt Metall als Schiffbaumaterial zu verwenden, zuerst beschlug man nur die hölzernen Rümpfe mit Kupfer, dann wurden die ganzen Schiffskörper aus Eisen oder Stahl hergestellt, und endlich wurde auch das Zubehör wie Masten und Rahen nicht mehr aus Holz gearbeitet. Diese Entwicklung hatte aber nicht nur Vor-, sondern auch schwerwiegende Nachteile, denn die eisernen Schiffsrümpfe hatten bei weitem nicht die Elastizität der hölzernen. Erst die später entwickelten Stahlschiffe hatten wieder den Holzschiffen ähnliche Segeleigenschaften.

Auch der Gedanke, durch Größe die Vorteile der Dampfschiffe wettzumachen, brachte auf die Dauer keine Rettung. Zwar liefen noch zu Anfang des 20. Jahrhunderts riesige Segelschiffe vom Stapel, beispielsweise die »Preußen« und die »Archibald Russel«. Die »Preußen«, in Deutschland gebaut, war das einzige je entstandene Fünf-Mast-Vollschiff, sie hatte fünf vollgetakelte Masten mit Rahsegeln. 1902 wurde sie fertiggestellt und hatte eine Gesamtlänge von 132 m, damals ein ungeheures Maß, heute, im Zeitalter der Riesentanker, nicht mehr so beeindruckend.

Auch die 1905 in England fertiggestellte Viermastbark »Archibald Russel« war ein Schiff der Superlative. Sie hatte drei vollgetakelte und einen gaffelgetakelten Mast, war 89 m lang (in

Das einzige Fünfmastvollschiff der Welt war die deutsche »Preußen«, sie hatte fünf vollgetakelte Masten mit Rahsegeln. Sie wurde 1902 bei Tecklenburg gebaut und hatte eine Gesamtlänge von 132 Metern. 1910 strandete die »Preußen« im Ärmelkanal in der Nähe der englischen Stadt Dover.

Oben: Die französische Bark »Pourquoi-Pas?« wurde 1903 in Saint Malo erbaut. Sie hatte eine Hilfsdampfmaschine mit 125 PS und diente dem Polarforscher Charcot für mehrere Forschungsreisen in die Antarktis, nach Grönland und Island. Unten: Ebenfalls ein Segelschiff mit Hilfsdampfmaschine ist der Walfänger und Robbenschläger »Albert«.

Die letzten Großsegler konnten sich auf Dauer nicht gegen die Konkurrenz der Dampfschiffe behaupten. Sie waren zum Sterben verurteilt, obwohl sie noch zu Beginn unseres Jahrhunderts als Linien- und Frachtschiffe eingesetzt wurden. Sie waren jedoch weniger schnell als die Dampfschiffe und vor allem in hohem Maß von günstigen Winden abhängig, so daß es für Segelschiffe praktisch unmöglich war, exakt die Fahrpläne einzuhalten. Die obere Abbildung zeigt einen Dreimastschoner vor Dover, das untere Bild die »Großherzogin Elisabeth«, einen der letzten deutschen Großsegler.

der Wasserlinie) und 13 m breit, man kann sie also schon eine stattliche Bark nennen. Aber diese beiden Großschiffe konnten, ebenso wie ihre Vorgänger, den Niedergang der Segler nicht aufhalten, denn die Vorteile der Dampfschiffe waren einfach zu groß.
Auch die mächtigen Passagiersegler, wie etwa die englische »MacQuarie«, die 1875 in Dienst gestellt wurde, konnten daran nichts ändern. Zwar waren diese Schiffe jetzt durchaus komfortabel, auch auf den Segelschiffen war man seit der Zeit der »Mayflower« und der Ostindienfahrer weitergekommen. Der Hauptnachteil der Segelschiffe war, daß ihr Fahrplan vom Wetter abhing, Ankunft und Abfahrt konnten nie genau vorhergesagt werden. Ob Segelschiffe allerdings durch diese Abhängigkeit vom Wetter wirklich gefährdeter sind, wie man lange Zeit glaubte, läßt sich nach den großen Passagierdampferunglücken der »Titanic« und der »Andrea Doria« und vor allem nach den aktuellen Havarien der großen Öltanker wie etwa der »Amoco Cadiz« zumindest in Zweifel ziehen. Auch Schiffszusammenstöße im Nebel, heute vor allem vor der niederländischen Küste und im englischen Kanal recht häufig, sind mit Segelschiffen fast unmöglich, weil Nebel immer mit Windstille einhergeht, durch Segel angetriebene Schiffe dann aber keine Fahrt machen.
Trotzdem war der Siegeszug des Dampfschiffes nicht mehr aufzuhalten. Heute allerdings ist auch der Dampfantrieb schon wieder überholt, und man verwendet zumeist Dieselmotoren. Auch mit Atomantrieb werden schon Versuche gemacht – wer weiß, wie die Schiffe der Zukunft aussehen werden?

Segelschiffe heute

Was ist nun übrig geblieben von den Segelschiffen der vergangenen Jahrhunderte? Sind die Segel nach Einführung des maschinellen Antriebs ganz vom Meer verschwunden? Eine Zeitlang sah es so aus, als ob die Entwicklung in diese Richtung gehen würde, dann aber zeigte sich, daß die Faszination, die von den Segelschiffen ausgeht, noch immer ihre Wirkung auf die Menschen hatte. Ende des 19. Jahrhunderts schien der Siegeszug des maschinengetriebenen Schiffes unaufhaltsam zu sein, heute, im Zeichen der Ölknappheit, gibt es durchaus ernsthafte Überlegungen, wie man zuverlässige, wirtschaftlich rentable Frachtsegler bauen könnte, die nur noch Hilfsmotoren für den Fall einer völligen Flaute oder eines Mastbruchs oder für die Passagen durch die großen Kanäle (wie den Panamakanal oder den Suezkanal) mitführen würden. Sicherlich werden die maschinengetriebenen Schiffe nicht wieder völlig verschwinden, man kann Motoren ja auch mit anderen Treibstoffen als Erdöl antreiben, aber wenn sich große Werften heute Gedanken über die Konstruktion eines Frachtschiffes mit Segelantrieb machen, dann ist das, schon wegen der mit den Forschungsarbeiten verbundenen Kosten, ohne Zweifel ernst gemeint. Ob solche Pläne allerdings über das Stadium eines Forschungsprojektes hinaus verfolgt werden, kann man heute noch nicht abschätzen, es hängt wohl auch von der Lage auf dem Energiemarkt ab.
Diese neu zu entwerfenden Segler würden gewiß nicht aussehen wie die uns vertraut gewordenen aus den vergangenen Jahrhunderten, denn schließlich ist die Entwicklung in den

Die Rennyacht »Providence«. Auf dem Gebiet des Sportes spielen Segelschiffe auch heute noch eine große Rolle, obwohl sie sonst schon längst von den Weltmeeren verschwunden sind. Die großen Hochseeregatten haben aber nichts von ihrer Faszination verloren.

PROVIDENCE

Verschiedene Segelschulschiffe: Oben links die »Belle Poule«, oben rechts die Viermastbark »Passat«, die nach dem schrecklichen Untergang ihres Schwesterschiffes »Pamir« (Bild unten) stillgelegt wurde und heute als Seefahrtsschule dient.

Auch die deutsche Bundesmarine hat heute noch ein Segelschulschiff in Betrieb, nämlich die Dreimastbark »Gorch Fock«, auf dem Bild unter vollen Segeln auf der Kieler Förde.

letzten hundert Jahren nicht stehen geblieben, wenn man sich auch kaum dem Bau von großen Segelschiffen gewidmet hat. Wie die neuen Formen aussehen könnten, zeigt uns möglicherweise der Flettner-Rotor, eine Erfindung des deutschen Ingenieurs Anton Flettner, die schon in den zwanziger Jahren erprobt wurde und sich als durchaus verwertbar, wenn auch verbesserungsbedürftig erwies. Man stattete einige kleinere Schiffe zu Versuchszwecken mit Rotoren aus, und eines von ihnen überquerte als erstes Rotorschiff den Atlantik (1927). Auch mit einem Frachter, der 2800 BRT großen »Barbara«, die durch drei Rotoren angetrieben wurde, stellte man Versuche an, die aber infolge der Anfangsschwierigkeiten und vor allem auch deshalb schnell in Vergessenheit gerieten, weil gut funktionierende maschinengetriebene Schiffe vorhanden waren, für die reichliche und billige Energie zur Verfügung stand. Der Flettner-Rotor besteht aus einer stehenden, hohen Walze, auf der Lamellen angebracht sind, die vertikalen Jalousien ähneln. Diese Walze wird drehbar auf dem Bootsdeck befestigt. Sie wird durch einen kleinen Hilfsmotor gedreht, und die dadurch und durch den Wind erzeugte Luftreibung treibt das Boot an. Der Flettner-Rotor kommt also nicht ohne Fremdenergie aus, während ein konventionelles Segelschiff außer Segeln und Wind nichts mehr benötigt. Vielleicht aber geht die Entwicklung in Richtung starrer, flugzeugflügelähnlicher Segel, die maschinell von einer Zentrale aus bedient werden können. Auch mit solchen Systemen hat man schon Versuche angestellt, B.D. Bedford in den Vereinigten Staaten hat mehrere Yachten mit solchen Segeln ausgerüstet, aber ein durchschlagender Erfolg ist bisher ausgeblieben.

Auf einem anderen Gebiet allerdings ist das Segel, das konventionelle Stoffsegel, unschlagbar, und das ist im Bootssport. Sicherlich hat es noch niemals zuvor so viele Segelbootbesitzer gegeben wie heute, und es ist noch kein Ende dieses Trends in Sicht. Motorboote sind von gesetzlichen Fahrtbeschränkungen und von schnell steigenden Energiekosten betroffen, Segelboote sind leise, energiesparend und durch viele Verbesserungen leicht zu handhaben. Außerdem gibt es die verschiedensten Typen vom kleinsten Windsurfer bis zur größten Yacht, so daß für jeden Geldbeutel und für jedes Temperament etwas zu finden ist. Deshalb ist Segeln heute im Begriff, ein echter Volkssport zu werden, was aber leider auch schlimme Folgen haben kann, wenn sich unzureichend ausgebildete

Als sogenannter Einhandsegler, also völlig allein, startete Rollo Gebhard von Regensburg aus zu einer erfolgreichen Weltumsegelung – hier auf seiner Yacht Solveig III beim Auslaufen aus dem Regensburger Hafen.

Zu den populärsten Einhand-Weltumseglern gehörte der Engländer Sir Francis Chichester. Die Abbildung zeigt ihn auf seiner Yacht »Gypsy Moth«, mit der er in den 60er Jahren die Welt umsegelte.

Segler aufs Wasser hinauswagen und Wind und Wetter nicht gewachsen sind, denn noch immer sind die Elemente die größte Gefahr auf See.
Daß nicht nur leichtsinnige Laien, sondern auch gut ausgebildete, erfahrene Segler durch das Wetter in Gefahr geraten können, hat ein schreckliches Unglück gezeigt, das sich 1979 während des berühmten Admiral's Cup ereignete. Ein Rennen in diesem Wettbewerb, das sogenannte »Fastnet Race«, wird zwischen Cowes auf der Insel Whight vor der englischen Küste und dem Fastnet Rock in der Irischen See ausgetragen. 1979 nun hatte sich das Wetter nach dem Start der Regatta stark verschlechtert, ein Orkan kam auf, aber alle 302 Teilnehmer der Wettfahrt waren schon unterwegs. Einige von ihnen erreichten rechtzeitig schützende Häfen, andere konnten dem

Fast alle Nationen, die eine Marine haben, haben auch heute noch Segelschulschiffe. Oben die 1933 erbaute »Danmark« unter vollen Segeln; rechts die »Georg Stage« auf der Fahrt durch das Skagerrak.

Zentrum des Sturmes aus dem Wege gehen, aber viele der teilnehmenden Boote kenterten, fünf sanken. Nach Abschluß der Regatta hatte man 15 Todesopfer zu beklagen, die allerdings zum größten Teil nicht aus den Kreisen der Wettkampfteilnehmer, sondern von den Begleitbooten stammten. Von 302 gestarteten Booten hatten nur 85 ihr Ziel erreicht, alle anderen hatten aufgeben müssen.

Aber nicht nur Sportboote verwenden heute noch Segel. Die großen Segler, soweit noch vorhanden, werden heute als Schulschiffe verwendet, denn nirgends kann man die Grundlagen der Seefahrt so gut erlernen wie hier. Fast alle Nationen, die eine Marine haben, haben auch ein oder mehrere Schulschiffe, und hier finden wir die verschiedensten Arten, Vollschiffe, Barken, Schoner und Briggs. Die größten dieser Segelschulschiffe sind in südamerikanischem Besitz, die »Libertad« aus Argentinien und die »Esmeralda« aus Chile. Berühmt sind auch die italienische »Amerigo Vespucci«, die »Dar Pomorza« aus Polen, die »Kruizenshtern« aus der UdSSR und die britische »Royalist«. Auch die Skandinavier haben, als alte Seefahrernationen, ihre Schulschiffe, und ebenso die Niederländer. Auch die Bundesrepublik Deutschland hat heute noch ein Schulschiff, das in Betrieb ist, die Dreimastbark »Gorch Fock«. Ein weiteres deutsches Schiff, die »Passat«, wurde nach dem schrecklichen Untergang ihres Schwesterschiffes »Pamir« stillgelegt und dient heute, im Hafen festgemacht, ebenso wie die Bark »Seute Deern« als Seefahrtsschule und Museum. Bei verschiedenen Anlässen, beispielsweise Olympischen Spielen oder der Kieler Woche, versammeln sich die letzten Großsegler zur sogenannten Windjammerparade, und dieses einmalige Schauspiel zieht große Menschenmassen an. Die faszinierende Wirkung der Großsegler ist heute, da sie nicht mehr so alltäglich sind wie in früheren Jahrhunderten, eher noch größer geworden.

Auch Forscher und Entdecker gibt es heute noch, die sich des Segelschiffes bedienen. So segelte etwa der Norweger Thor Heyerdahl, um die Richtigkeit seiner These zu beweisen, daß Polynesien zuerst von Südamerika und dann erst von Asien aus besiedelt worden sei, im Jahre 1947 mit einem Balsafloß nach indianischen Vorbildern von Lima (Peru) bis zur Südseeinsel Tahiti. Dazu benötigte er drei Monate Fahrzeit. Er benützte keine modernen Hilfsmittel, da er ja den Beweis antreten wollte, daß auch der Urbevölkerung Südamerikas eine solche Reise möglich gewesen sei.

Sportsegler lassen sich, genau wie Forscher, immer wieder dazu verlocken, bis an die eigenen Grenzen vorzustoßen, und wer erreicht dies schon in größerem Umfang als die sogenannten Einhandsegler, die weite Reisen, manchmal sogar Weltumsegelungen ganz allein auf einem Boot unternehmen, und viele von ihnen kommen auch am Ziel an. Zu diesen gehört Joshua Slocum auf seiner »Spray«, der schon Ende des 19. Jahrhunderts eine solche Fahrt machte, oder Sir Francis Chichester mit seiner »Gipsy Moth« in den sechziger Jahren, oder jetzt kürzlich Rollo Gebhard, der seine Fahrt 1979 beendete. Wenn auch nicht jeder die Möglichkeiten oder die Charaktereigenschaften hat, die nötig sind, um eine solche Fahrt durchzustehen, mit der Geschichte der Segelschiffe sind Eigenschaften wie Mut, Durchhaltevermögen und Erfindungsgeist untrennbar verbunden, und der Gedanke an die Seefahrer der Vergangenheit und Gegenwart macht wohl einen Teil der Anziehungskraft der großen Segelschiffe aus. Ein anderer Teil ist die majestätische Schönheit – wer jemals ein Schiff unter vollen Segeln vorbeifahren sah, wird hier gewiß zustimmen. Leider ist dies ein Eindruck, den uns alle Museen der Welt nicht mehr geben können, aber wenn man Gelegenheit hat, eine Windjammerparade zu sehen oder auch ein einzelnes großes Segelschiff, dann sollte man sich das nicht entgehen lassen.

Fachwörtererklärungen

abtakeln – alle Segel und die Vorrichtungen zu ihrer Anbringung entfernen
abtreiben – nicht beabsichtigte Bewegung eines Schiffes durch Wind oder Strömung
Abtrift – seitliche Abweichung vom gesteuerten Kurs durch Wind oder Strömung
achtern – alles, was sich hinter der Mitte eines Schiffes befindet
Anderthalbmaster – Segelschiff mit einem kürzeren Mast achtern vom Großmast (Ketsch oder Yawl)
anheuern – einen Seemann einstellen, eine Stellung auf einem Schiff annehmen
anlaufen – ansteuern, aufsuchen (einen Hafen ansteuern)
aufbrisen – stärker werden (Wind)
auftakeln – Verrichtungen, um Segel an Bord zu bringen, auch Segel setzen
ausbooten – an Land bringen
ausloten – Wassertiefe durch mehrfaches Messen mittels eines Lotes bestimmen
außenborts – alles außerhalb des Bootskörpers
back – nach hinten, rückwärts
Backbord – linke Seite eines Schiffes (von hinten gesehen)
Bändsel – kurze, dünne Leine (Reffbändsel)
Balken – Querverstrebungen von Bordwand zu Bordwand
Bank – 1. Flachwasserstelle, Untiefe, 2. Wolkenformation
Bark – Drei- oder Mehr-Master mit Rahsegeln an den beiden vorderen Masten
Baum – Rundholz, an dem das Segel befestigt ist
Besan – kleinerer Mast am Heck eines mehrmastigen Schiffes, der Ausdruck wird auch für das Segel direkt verwendet
Beschlag – Metallteil, meist zur Befestigung von Tauen, aber auch zur Verstärkung
Bindereff – Vorrichtung zum Verkleinern der Segelfläche je nach den herrschenden Windverhältnissen
Bö – starker, kurzer Windstoß
Bramsegel – auf rahgetakelten Schiffen das Segel oberhalb von Mars- und Hauptsegel
Brigantine – Zweimaster mit rahgetakeltem Fockmast und zweigeteiltem Großmast
Brigg – Zweimaster, rahgetaktelt
Bruttoregistertonne – Größemaß für Schiffe, abgekürzt BRT
Bug – der vorderste Teil eines Schiffes
Deck – Abdeckung des Schiffsrumpfes (teilweise mehrere übereinander, wie die Etagen eines Wohnhauses)
Dünung – Seegang, der stärker ist, als es durch die herrschenden Windverhältnisse zu erwarten wäre
Ende – jedes Tau oder Seil an Bord eines Schiffes
Fallreep – nicht dauernd am Schiffsrumpf befestigte Leiter oder Treppe, zumeist Strickleiter
Fock – Vorsegel, wenn an einem Stag festgemacht: Stagfock
Gaffel – obere Rahe eines Gaffelsegels, greift gabelförmig um den Baum
Galeere – gerudertes Schiff
Galeasse – weiterentwickelte Galeere
Galionsfigur – Zierfigur am Bug eines Schiffes
Gig – wendiges Ruderboot, Beiboot auf Kriegsschiffen
Gut, laufendes – alles bewegliche Tauwerk zum Bedienen der Segel
Heuer – Lohn eines Seemannes
hochbordig – mit hohem Freibord
Jolle – ursprünglich ein kleines Boot, das an Bord eines großen Schiffes mitgeführt wurde und mit dem man außenbords notwendige Arbeiten durchführte, heute ein kleines Sportboot ohne festen Kiel
kalfatern – ein Schiff abdichten

Bug- und Heckpartien verschiedener Schiffstypen. Die unterschiedlichen Konstruktionsmerkmale wie Rundheck, Spiegelheck, Klüverbaum, Galionsfigur sind deutlich zu erkennen.

Kanu – durch Paddel angetriebenes Boot
kentern – umkippen
Kiel – unterste Längsversteifung eines Schiffes, bei Sportbooten auch Ballastflosse zur Stabilisierung
killen – im Wind flattern (Segel)

Klinker – Bauweise von Holzschiffen, Planke überlappt Planke
Klipper – Schnellsegler mit scharfem Bug und geringem Laderaum
Klüver – Vorsegel vor der Fock
Kraweel – auch Karweel, Bauweise von Holzschiffen, Planke stößt an Planke
kreuzen – im Zickzack segeln, um gegen den Wind vorwärts zu kommen
Ladelinie – Wasserlinie des vollbeladenen Schiffes
Lateinersegel – Dreieckssegel mit schrägstehender Rah
Laufplanke – Brett, das den Übertritt vom Schiff aufs Land ermöglicht
Leck – Loch in der Außenhaut eines Schiffes
Lee – die vom Wind abgewandte Seite eines Schiffes
lenzen – ein Schiff leerpumpen (Lenzpumpen)
loten – die Wassertiefe mittels eines Senkbleis messen
Lotse – ortskundiger Schiffsführer, der bei Bedarf in schwie-

Galionsfigur und Klüverbaum des berühmten englischen Teeklippers »Cutty Sark«. Die »Cutty Sark«, die heute im Trokkendock in Greenwich liegt, gehörte zu den schnellsten Schiffen ihrer Zeit.

rigen Gewässern an Bord genommen wird
Lugger – Küstenfahrzeug des Nordseeraumes, schneller Zwei- oder Dreimaster
Luv – die dem Wind zugewandte Seite eines Schiffes
Mahlstrom – Strudel
Persenning – Schiffsabdeckung aus wasserfestem Stoff
Pinne – Hebelverlängerung des Ruders
Rah – am Mast quer zum Schiff angebrachtes Rundholz, an dem ein Segel angeschlagen wird
reffen – Segel einrollen oder einbinden (zur Verkleinerung der Segelfläche bei starkem Wind)
Reling – Geländer um das Deck eines Schiffes
Rigg – Takelage
Royal – Segel über dem Bramsegel (bei Rahtakelung)
Ruder – Steuer eines Schiffes
Rumpf – Boots- und Schiffskörper
Schanzkleid – geschlossene, manchmal auch noch zusätzlich verstärkte Decksumrandung, häufig bei Kriegsschiffen
Schoner – Zweimaster mit Großsegel achtern (auch mit mehr Masten)
Schot – Tau zum Bedienen der Segel
Sky – Segel über dem Royalsegel
Spant – Querrippe eines Schiffes
Spiere – Rundholz
Spriet – Rundholz zum Spreizen eines besonderen Gaffelsegels
Stag – Verspannung eines Mastes längs zum Schiff
Steuerbord – rechte Seite eines Schiffes, von hinten gesehen (auf dieser Seite des Schiffes war schon bei den Wikingerschiffen das Steuerruder angebracht)
Steven – Verlängerung des Kiels bis auf Deckshöhe
stranden – wider Willen auf Strand laufen
Takelage – alles, was man zum Setzen von Segeln braucht
Tide – Ebbe und Flut
Topp – oberste Spitze des Mastes
Toppsegel – Segel zwischen Gaffel und Mastspitze
umtakeln – Veränderungen an der Takelung eines Schiffes vornehmen
Want – seitliche Verspannung des Mastens (quer zum Schiff)
Webeleine – Leine, mit der zwei Wanten zur Strickleiter verbunden werden
Wrack – gestrandetes oder gesunkenes Schiff
Yacht – ursprünglich ein Sammelbegriff kleiner, schneller niederländischer Küstenfahrzeuge, heute Sportboot, durch Segel oder Motor angetrieben